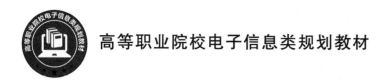

高等职业院校电子信息类规划教材

5G 技术与应用

主　编　董　莉

副主编　阳旭艳　　向玉玲　　蔡盛勇

　　　　张琴琴　　李海涛

U0291066

北京邮电大学出版社
www.buptpress.com

内 容 简 介

本书介绍了 5G 移动通信技术与应用的相关知识。全书共 5 个模块,具体内容包括 5G 技术概述、5G 关键技术与新空口、5G 云化结构、5G 典型行业应用方案、5G 基站工作原理与维护。

本书介绍的知识均与 5G 技术的最新应用相关,内容全面,实用性强,可满足不同层次读者的需求。

本书既可作为高职高专信息通信类专业的教材,也可作为通信行业相关工作人员的培训用书,同时可供 5G 工程技术人员参考。

图书在版编目(CIP)数据

5G 技术与应用 / 董莉主编. -- 北京 : 北京邮电大学出版社,2021.8(2023.12 重印)
ISBN 978-7-5635-6473-6

Ⅰ. ①5… Ⅱ. ①董… Ⅲ. ①第五代移动通信系统—高等职业教育—教材 Ⅳ. ①TN929.53

中国版本图书馆 CIP 数据核字(2021)第 157002 号

策划编辑:彭 楠 责任编辑:王晓丹 左佳灵 封面设计:七星博纳

出版发行:北京邮电大学出版社
社 址:北京市海淀区西土城路 10 号
邮政编码:100876
发 行 部:电话:010-62282185 传真:010-62283578
E-mail:publish@bupt.edu.cn
经 销:各地新华书店
印 刷:保定市中画美凯印刷有限公司
开 本:787 mm×1 092 mm 1/16
印 张:13.5
字 数:353 千字
版 次:2021 年 8 月第 1 版
印 次:2023 年 12 月第 2 次印刷

ISBN 978-7-5635-6473-6 定价:35.00 元

前　言

5G，即第五代移动通信技术，一方面大幅提升了个人用户对高带宽移动互联网业务的体验，创造出新的生活娱乐应用场景，另一方面借助其高带宽、大连接、低时延等优势，正成为推动传统行业数字化转型升级与数字经济社会发展的重要基石。2019年6月6日，中华人民共和国工业和信息化部向中国电信、中国移动、中国联通和中国广电发放了5G商用牌照，标志着我国正式进入5G商用元年。伴随着国内5G网络商用的发展，万物互联的高速移动通信时代正式来临。

为了培养适应现代移动通信技术发展的应用型、技能型高级专业人才，促进电信行业的发展，我们在总结教学实践的基础上，组织专业教师编写了本书。本书采用模块化的内容结构，全面介绍5G移动通信技术与应用的相关知识。全书共5个模块：5G技术概述，5G关键技术与新空口，5G云化结构，5G典型行业应用方案，5G基站工作原理与维护。

本书在编写过程中注重"理论够用，能力为本，面向应用型、技能型人才培养"的职业教育培养特色，使理论与实际应用相结合，旨在培养能够适应5G技术发展的专业人才。读者可根据专业需要选择相应模块，各模块后附有基础训练，便于读者自学。本书可作为高职高专院校的教材或教学参考书及通信行业的职工培训用书。

本书由董莉主编。模块1由向玉玲编写，模块2由张琴琴、董莉编写，模块3由蔡盛勇、董莉编写，模块4由李海涛、董莉编写，模块5由阳旭艳编写。全书由董莉统稿。

本书的编写得到了四川邮电职业技术学院领导和任课教师，以及四川省通信产业服务有限公司科技培训分公司技术专家的大力支持和热心帮助，他们提出了很多有益的意见。本书的素材来自大量的参考文献，特此向相关作者致谢。

由于编者水平有限，书中难免存在不妥之处，敬请广大读者批评指正。

编　者

2021年3月

目　　录

模块1　5G 技术概述

【教学目标】

1. 知识目标

（1）了解 4G 面临的挑战；

（2）了解 5G 标准化进程；

（3）了解 5G 全球商用化进程。

2. 技能目标

具备分析我国 5G 技术发展趋势的能力。

【课时建议】

4～8 课时

【基础知识】

项目 1.1　移动通信技术发展历程

{问题引入}

1. 移动通信系统是什么时间问世的？

2. 1G 到 4G 移动通信系统的技术标准各是什么？

3. 1G 到 4G 移动通信系统有何特点？

1.1.1　第一代(1G)移动通信系统

20 世纪 60 年代末、70 年代初开始出现了第一个蜂窝(Cellular)系统。蜂窝的意思是将一个大区域划分为几个小区(Cell)，相邻的蜂窝区域使用不同的频率进行传输，以免产生相互干扰。

随着用户数据的急剧增加，传统的大区制移动通信系统很快达到饱和状态，无法满足服务要求。针对这种情况，贝尔实验室提出了小区制的蜂窝式移动通信系统的解决方案，在 1978 年开发了 AMPS 系统(Advance Mobile Phone System)。这是第一个真正意义上的具有随时随地通信的大容量的蜂窝移动通信系统。它结合频率复用技术,可以在整个服务覆盖区域内自动接入公用电话网络,蜂窝化的系统设计方案解决了公用移动通信系统的大容量要求和频谱资源受限的矛盾。因此,与以前的系统相比,它具有更大的容量和更好的话音质量。欧洲也推出了可向用户提供商业服务的通信系统 TACS(Total Access Communication System)。其他通信系统还有法国的 450 系统和北欧国家的 NMT 450(Nordic Mobile Telephone-450)系统。这些系统都是双工的 FDMA 模拟制式系统,可提供相当好的服务质量和较大的通信容量。

第一代移动通信系统所提供的基本业务是话音业务(Voice Communication)。关于这项业务,上述系统都是十分成功的。

1.1.2 第二代(2G)移动通信系统

随着移动通信市场的迅速发展,人们对移动通信技术提出了更高的要求。模拟系统本身的缺陷,如频谱效率低、网络容量有限、保密性差、体制混杂、不能国际漫游、不能提供 ISDN 业务、设备成本高、手机体积大等,使模拟系统无法满足人们的需求。为此,在 20 世纪 90 年代初,人们开发了基于数字通信的移动通信系统,即数字蜂窝移动通信系统——第二代移动通信系统。

数字技术具有良好的抗干扰能力和潜在的大容量。在一定的带宽内,数字系统良好的抗干扰能力使第二代蜂窝移动通信系统具有比第一代蜂窝移动通信系统更大的通信容量、更好的服务质量。采用数字技术的系统具有下述特点:

(1) 系统灵活性较强;

(2) 采用高效的数字调制技术,低功耗;

(3) 系统的有效容量大;

(4) 采用信源和信道编码技术;

(5) 抗干扰能力强;

(6) 带宽配置灵活。

由于数字系统具有上述优点,所以第二代移动通信系统采用数字方式,被称为第二代数字移动通信系统。

为了建立一个全欧洲统一的数字蜂窝移动通信系统,1982 年欧洲有关主管部门会议(CEPT)设立了移动通信特别小组(Group Special Mobile,GSM)协调推动第二代数字蜂窝通信系统的研发,并在 1988 年提出主要建议和标准。1991 年 7 月,双工 TDMA 制式的 GSM 数字蜂窝通信系统开始投入商用,它拥有更大的容量和良好的服务质量。1993 年,我国第一个全数字移动电话系统(GSM)建成并开通。

美国也制定了基于 TDMA 的 DAMPS、IS-54、IS-136 标准的数字网络。1995 年,美国的 Qualcomm 公司提出一种采用码分多址(CDMA)方式的数字蜂窝通信系统的技术方案,称为 IS-95 标准,其在技术上有许多独特之处和优势。日本也开发了个人数字系统(PDC)和个人手持电话系统(PHS)技术。

第二代移动通信系统使用数字技术,提供话音业务、低比特率数据业务以及其他补充业务。GSM 是当今世界范围内普及最广的移动无线标准。

1.1.3　第三代(3G)移动通信系统

第二代数字移动通信系统在很多方面仍然没有实现最初的目标,比如统一的全球标准;同时,技术的发展和人们对系统传输能力的要求愈来愈高,几千比特每秒的数据传输能力已经不能满足某些用户对高速率数据传输的需要,一些新的技术,如 IP 技术等不能有效地实现。这些因素是高速率移动通信系统发展的市场动力。在此情况下,具有 9~150 kbit/s 传输能力的通用分组无线业务(General Packet Radio Services,GPRS)系统和其他系统开始出现,并成为向第三代移动通信系统过渡的中间技术。

第二代移动通信系统主要包括以下几个缺陷。

(1) 没有形成全球统一的标准系统。在第二代移动通信系统发展的过程中:欧洲建立了以 TDMA 为基础的 GSM 系统;日本建立了以 TDMA 为基础的 JDC 系统;美国建立了以模拟 FDMA 和数字 TDMA 为基础的 IS-136 混合系统,以及以 N-CDMA 为基础的 IS-95 系统。

(2) 业务单一。第二代移动通信系统主要是语音服务,只能传送简短的消息。

(3) 无法实现全球漫游。由于标准分散和经济保护,全球统一和全球漫游无法实现,因此无法通过规模效应降低系统的运营成本。

(4) 通信容量不足。在 900 MHz 频段,包括后来扩充到的 1 800 MHz 频段,系统的通信容量依然不能满足市场的需求。随着用户数量的上升,网络未接通率和通话中断开始增加。

第二代移动通信系统是主要针对传统的话音和低速率数据业务的系统。而"信息社会"对图像、话音、数据相结合的多媒体业务和高速率数据业务的需求量超过传统话音业务的业务量。

第三代移动通信系统需要更大的系统容量和更灵活的高速率、多速率数据传输的能力,除了话音和数据传输外,还能传输高达 2 Mbit/s 的高质量活动图像。

在第三代移动通信系统中,CDMA 是主流的多址接入技术。CDMA 通信技术具有许多技术上的优点,如抗多径衰落、软容量、软切换。其系统容量比 GSM 系统大,采用话音激活、分集接收和智能天线技术可以进一步提高系统容量。

由于 CDMA 通信技术具有上述优势,因此第三代移动通信系统主要采用宽带 CDMA 技术。第三代移动通信系统的无线传输技术主要有三种:欧洲和日本提出的 WCDMA 技术、北美提出的基于 IS-95CDMA 系统的 CDMA2000 技术,以及我国提出的具有自主知识产权的 TD-SCDMA 技术。后来出现的 WiMAX 技术也称为 3G 标准。

第三代移动通信系统的重要技术包括地址码的选择、功率控制、软切换技术、RAKE 接收技术、高效的信道编译码技术、分集技术、QCELP 编码和语音激活技术、多速率自适应检测技术、多用户检测和干扰消除技术、软件无线电技术和智能天线技术。

1.1.4　第四代(4G)移动通信系统

第四代移动通信系统是集成多功能的宽带移动通信系统,是宽带接入的 IP 系统。4G 能够以 100 Mbit/s 以上的速率下载,能够满足几乎所有用户对无线服务的要求。通信制式的演进如图 1-1-1 所示。

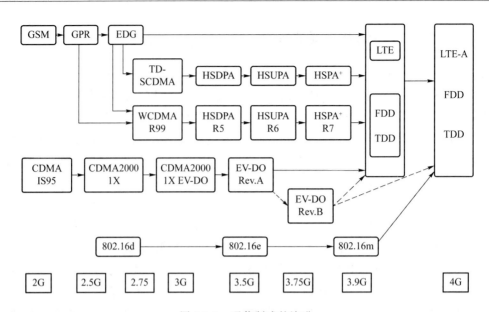

图 1-1-1　通信制式的演进

　　LTE（Long Term Evolution，长期演进）是由 3GPP（The 3rd Generation Partnership Project，第三代合作伙伴计划）组织制定的 UMTS（Universal Mobile Telecommunications System，通用移动通信系统）技术标准的长期演进，于 2004 年 12 月在 3GPP 多伦多 TSG RAN♯26 会议上正式立项并启动。LTE 系统引入 OFDM（Orthogonal Frequency Division Multiplexing，正交频分复用）和 MIMO（Multiple-Input Multiple-Output，多输入多输出）等关键技术，显著增加了频谱效率和数据传输速率，一般认为下行峰值速率为 100 Mbit/s，上行为 50 Mbit/s，并支持 1.4 MHz、3 MHz、5 MHz、10 MHz、15 MHz 和 20 MHz 等多种带宽分配，支持全球主流 2G/3G 频段和一些新增频段，因而频谱分配更加灵活，系统容量和覆盖也显著提升。LTE 系统网络架构更加扁平化、简单化，减少了网络节点和系统复杂度，从而减小了系统时延，也降低了网络部署和维护成本。LTE 系统支持与其他 3GPP 系统互操作。

　　LTE 系统有两种制式：FDD-LTE 和 TDD-LTE，即频分双工 LTE 系统和时分双工 LTE 系统。两者技术的主要区别在于空中接口的物理层上（如帧结构、时分设计、同步等）。FDD-LTE 系统空口上下行传输采用一对对称的频段接收和发送数据；TDD-LTE 系统上下行则使用相同的频段在不同的时隙上传输。相对于 FDD 双工方式，TDD 有着较高的频谱利用率。

　　LTE 的演进可分为 LTE、LTE-A、LTE-A Pro 三个阶段，分别对应 3GPP 标准的 R8～R14 版本。LTE 阶段实际上并未被 3GPP 认可为国际电信联盟所描述的下一代无线通信标准 IMT-Advanced，在严格意义上还未达到 4G 的标准，准确来说，应该称为 3.9G，只有升级版的 LTE-Advanced（LTE-A）才满足国际电信联盟对 4G 的要求，是真正的 4G 阶段，也是后 4G 网络的演进阶段。

　　LTE 系统采用全 IP 的 EPC 网络，相比于 3G 网络更加扁平化，简化了网络协议，降低了业务时延，由分组域和 IMS 网络给用户提供话音业务，支持 3GPP 系统接入，也支持 CDMA、WLAN 等非 3GPP 网络接入。

　　自第一代移动通信技术商用至今，通信技术已经经历五代，5G 网络将实现万物互联，可提供更大的容量、更高的系统速率、更低的系统时延和更可靠的连接。表 1-1-1 和表 1-1-2 详细描述了通信技术的发展历程及通信系统的特征。

表 1-1-1 通信技术发展的历程

系统	商用年份/年	典型标准			
		欧洲	日本	美国	中国
1G	国际：1984	NMT/TACS/C450 RTMS	NTT	AMPS	—
	国内：1987				
2G	国际：1989	GSM/DECT	PDC/PHS	DAMPS/CDMA ONE	—
	国内：1994				
3G	国际：2002	WCDMA	—	CDMA200	TD-SCDMA
	国内：2009				
4G	国际：2009	LTE-FDD	—	WiMAX	TDD-LTE
	国内：2013				
5G	国际：2018	—	—	—	—
	国内：2020				

表 1-1-2 通信系统的特征

系统	关键词	系统功能	无线技术	核心网
1G	模拟通信	频谱利用率低、费用高、通话容易被窃听（不保密）、业务种类受限、系统容量低、扩张难	FDMA	电路交换
2G	数字通信	业务范围受限、无法实现移动的多媒体业务、各国标准不统一、无法实现全球漫游	TDMA、CDMA	电路交换
3G	宽带通信	通用性高、在全球实现无缝漫游、低成本、优质服务质量、高保密性及良好的安全性能	TDMA、CDMA	电路交换、分组交换
4G	无线多媒体	高速率、频谱更宽、频谱效率高	OFDMA	IP 核心网
5G	移动互联网	更大的容量、更高的系统速率、更低的系统时延及更可靠的连接	Massive MIMO、FBMC/NOMA、多技术载波聚合等	基于 NFV/SDN

{课堂随笔}

项目 1.2 4G 面临的挑战

[问题引入]

1. 用户需求的增加以及追求极致的用户体验给 4G 网络带来了哪些挑战？
2. 新型移动业务的出现给 4G 网络带来了哪些机遇和挑战？
3. OTT 的快速发展会对运营商造成哪些影响？

1.2.1 用户需求的挑战

移动通信技术的发展带来了智能终端的创新。随着显示、计算能力的不断提升，云计算日渐成熟，增强现实 AR 等新型技术应用成为主流。用户追求极致的使用体验，要求获得高速的接入速率、低时延的实时体验以及无缝连接。

各行业和移动通信的融合，特别是物联网行业，将为移动通信技术的发展带来新的机遇和挑战。未来 10 年，物联网的市场规模将与通信市场平分秋色。在物联网领域，服务对象涵盖各行各业的用户，因此 M2M 终端数量将大幅激增，其与行业应用的深入结合将导致应用场景和终端能力呈现巨大的差异。这使得物联网行业用户提出了灵活适应差异化、支持丰富无线连接和海量设备连接的需求。此外，网络与信息安全的保障，低功耗、低辐射，性能价格比的提升成为所有用户的诉求。

1.2.2 技术面临的挑战

新型移动业务层出不穷，云操作、虚拟现实 VR、增强现实 AR、智能设备、智能交通、远程医疗、远程控制等各种应用对移动通信的要求日益增加。

随着云计算的广泛应用，未来终端与网络之间将出现大量的控制类信令交互，现有语音通信模型将不再适应，需要针对大量的数据包频发消耗信令资源的问题，对无线空口和核心网进行重构。

超高清视频、3D 和虚拟现实等新型业务需要极高的网络传输速率才能保证用户的实际体验，这对当前移动网形成了巨大挑战。以 8K(3D)视频为例，在无压缩情况下，需要高达 100 Gbit/s 的传输速率，即使经过百倍压缩后，也需要 1 Gbit/s 的传输速率，而采用 4G 技术远远不能满足这样的需求。

随着网络游戏的普及，用户对交互式的需求也更为突出，而交互类业务需要具备快速响应的能力，网络需要支持极低的时延才能实现无感知时延的使用体验。

物联网业务带来海量的连接设备，现有 4G 技术无法支撑，而控制类业务不同于视听类业务（听觉，100 ms；视觉，10 ms）对时延的要求，如车联网、自动控制等业务，对时延非常敏感，要求时延低至毫秒量级（1 ms）才能保证可靠性。

总体来说，不断涌现的新业务和新场景对移动通信提出了新需求，包括流量密度、时延、连接数三个维度，将成为未来移动通信技术发展必须考虑的问题。

1.2.3 运营商面临的挑战

智能手机的普及带来了 OTT 业务的繁荣。在全球范围内,OTT 的快速发展对基础电信业造成重大影响,导致运营商赖以为生的移动话音业务收入大幅下降,短信和彩信的业务量连续负增长。

一方面,OTT 应用大量取代电信运营商的业务,比如微信、Twitter、WhatsApp、Line、QQ等即时通信工具,依靠其庞大的用户群,在 4G 时代开始加速侵蚀传统的电信语音和短信业务,这些 App 集成基于数据流量的 VoIP 通信,如"微信电话本"版本,支持高清免费视频通话功能,直接与运营商的核心语音视频业务形成竞争势态。

尽管相比于传统电信业务,当前这些 OTT 应用还存在通话延迟、中断,以及接续成功率低等缺陷,但是随着技术的发展,OTT 应用替代传统语音和短信势不可挡。

受 OTT 的影响,仅 2014 年,全球运营商语音和短信收入就减少了 140 亿元,较 2013 年同比下降 26%。中国三大运营商的移动语音、短信和彩信业务收入也出现全面下降。

另一方面,OTT 应用大量占用电信网络信令资源,由于 OTT 应用产生的数据量少、突发性强、在线时间长,导致运营商的网络时常瘫痪。尽管移动互联网的发展带来了数据流量的增长,但是相应的收入增长和资源投入已经严重不成正比,运营商进入了增量不增收的境地。无论 2020 年流量增长 1 000 倍还是 500 倍,实际上,运营商的收入增长并没有太大改善;相反,流量的迅猛增长却带来成本的激增,使得运营商陷入"量收剪刀差"的窘境。

{课堂随笔}

项目 1.3　5G 需求

{问题引入}

1. 促使 5G 问世的驱动力有哪些?
2. 对于 5G 移动通信系统,其需求有哪些?

1.3.1　5G 的驱动力

互联网随着光纤和网线,送到楼、送到户、送到桌、送到网络终端。现在,移动通信将互联网的终端真正交给了每个人口袋里的智能手机。带着手机的网民几乎在任何时候、任何地方都可以上网。从此有了一个新名词:移动互联网。

传感技术无论在物理学领域还是在信息通信领域,一直是一个重要的研究方向。伴随着近 30 年来移动通信的进步,无线传感器网络的研究取得了重大进展。

现代微型传感器已经具备 3 种能力:感知、计算和通信。其还具有体积小、能耗小的特征。现代无线传感器网络将传感器、嵌入式计算、分布式信息处理和无线通信技术结合在一起,能将感知信息通过多跳的方式传给用户,又可以使传感器节点相对密集。这些节点既可以是静止的,也可以是移动的。网络还具备通信路径自组织能力。在这样的背景下,产生了物联网 IoT 的概念。2005 年,在信息社会世界峰会(WSIS)上,国际电信联盟报告指出,无所不在的"物联网"通信时代即将来临,世界上所有的物体,从轮胎到牙刷、从房屋到纸巾都可以通过互联网主动进行信息交换。射频识别(RFID)技术、传感器技术、纳米技术、智能嵌入技术将得到更加广泛的应用。

面对移动互联网和物联网等新型业务的发展需求,5G 系统需要满足各种业务类型和应用场景。一方面,随着智能终端的迅速普及,移动互联网在过去的几年中在世界范围内迅猛发展,进一步改变人类社会信息的交互方式,为用户提供增强现实、虚拟现实等更加身临其境的新型业务体验,从而带来未来移动数据流量的飞速增长;另一方面,物联网的发展将传统人与人的通信扩大到人与物、物与物的广泛互联,智能家居、车联网、移动医疗、工业控制等应用的爆炸式增长将带来海量的设备连接。

在保证设备低成本的前提下,5G 网络需要满足以下几个目标。

(1)支持更高的速率。移动宽带用户数量在全球范围的快速增长,即时通信、社交网络、文件共享、移动视频、移动云计算等新型业务的不断涌现,带来了移动用户对数据量和数据速率需求的迅猛增长。据 ITU 发布的数据预测,相比于 2020 年,2030 年全球的移动业务量将飞速增长,达到 5 000 艾字节/月。

相对应地,未来 5G 网络还应能够为用户提供更快的峰值速率,如果以 10 倍于 4G 蜂窝网络的峰值速率计算,5G 网络的峰值速率将达到 10 Gbit/s 量级。

(2)支持无限的连接。随着移动互联网、物联网等技术的进一步发展,移动通信网络的对象将呈现泛化的特点。它们在传统人与人之间通信的基础上,增加了人与物(如智能终端、传感器、仪器等)、物与物之间的互通。不仅如此,通信对象还具有泛在的特点,人或物可以在任何时间和地点进行通信。因此,5G 移动通信网将变成一个能够让任何人和任何物,在任何时间和地点都可以自由通信的泛在网络。

(3)提供个性的体验。随着商业模式的不断创新,移动网络将推出更为个性化、多样化、智能化的业务应用。因此,这就要求未来 5G 网络应进一步改善移动用户体验,例如,汽车自动驾驶应用要求将端到端时延控制在毫秒级;社交网络应用需要为用户提供永远在线体验,以及为高速场景下的移动用户提供全高清/超高清视频实时播放等体验。

1.3.2 运营需求

移动通信系统从 1G 到 4G 的发展是无线接入技术的发展,也是用户体验的发展。每一代的接入技术都有自己鲜明的特点,同时每一代的业务都给予用户全新的体验。然而在技术发展的同时,无线网络已经越来越"重"。

"重"部署:基于广域覆盖、热点增强等传统思路的部署对网络层层加码,另外,泾渭分明的双工方式,以及特定双工方式与频谱间严格的绑定,加剧了网络之"重"。

"重"投入:无线网络越来越复杂,使得网络建设投入加大,从而导致投资回收期长,同时对站址条件的需求也越来越高;另外,很多关键技术的引入对现有标准影响较大、实现复杂,从而使得系统达到目标性能的代价变高。

"重"维护:多接入方式并存,新型设备形态的引入带来新的挑战,技术复杂使得运维难度加大,维护成本增高;无线网络配置情况愈加复杂,一旦配置则难以改动,难以适应业务、用户需求快速发展变化的需要。

在 5G 阶段,因为需要服务更多用户、支持更多连接、提供更高速率以及多样化的用户体验,网络性能等指标需求的爆炸性增长将使网络更加难以承受其"重"。为了应对在 5G 网络部署、维护及投资成本上的巨大挑战,对 5G 网络的研究应总体致力于建设满足部署轻便、投资轻度、维护轻松、体验轻快要求的"轻形态"网络。

(1)部署轻便。基站密度的提升使得网络部署难度逐渐加大,部署轻便的要求将对运营商未来网络建设起到重要作用。在 5G 技术研究中,应尽量降低对部署站址的选取要求,希望以一种灵活的组网形态出现,同时应具备即插即用的组网能力。

(2)投资轻度。从既有网络投入方面考虑,在运营商无线网络的各项支出中,OPEX (Operating Expense,运营性支出)占比显著,但 CAPEX(Capital Expenditure,资本性支出)仍不容忽视。其中,设备复杂度、运营复杂度对网络支出影响显著。随着网络容量的大幅提升,运营商的成本控制面临巨大挑战,未来的网络必须要有更低的部署和维护成本,在技术选择时应注重降低两方面的复杂度:新技术的使用一方面要有效控制设备的制造成本,采用新型架构等技术手段降低网络的整体部署开销;另一方面还需要降低网络运营复杂度,以便捷的网络维护和高效的系统优化来满足未来网络运营的成本需求。

(3)维护轻松。随着 3G 的成熟和 4G 的商用,网络运营已经出现多网络管理和协调的需求,在未来的 5G 系统中,多网络的共存和统一管理将是网络运营面临的巨大挑战。为了简化维护管理成本、统一管理、提升用户体验,智能的网络优化管理平台将是未来网络运营的重要技术手段。

此外,运营服务的多样性,如虚拟运营商的引入,会给业务 QoS(Quality of Service,服务质量)管理及计费系统带来影响。因而相比于既有网络,5G 网络运营能以更低成本更加自主、更加灵活和更快适应地进行网络管理与协调,要在多网络融合和高密度复杂网络结构下拥有自组织的、灵活简便的网络部署和优化技术。

(4) 体验轻快。网络容量数量级的提升是每一代网络最鲜明的标志和用户最直观的体验。然而 5G 网络不应只关注用户的峰值速率和总体的网络容量,还需要关注用户体验速率,需要小区去边缘化以给用户提供连续一致的极速体验。此外,不同的场景和业务对时延、接入数、能耗、可靠性等指标有不同的需求,不可一概而论,应该因地制宜,全面评价和权衡。总体来讲,5G 系统应能够满足个性、智能、低功耗的用户体验,具备灵活的频谱利用方式、灵活的干扰协调/抑制处理能力,移动性能应得到进一步的提升。

另外,移动互联网的发展带给用户全新的业务服务,未来网络的架构和运营要向着能为用户提供更丰富的业务服务方向发展。网络智能化、服务网络化,利用网络大数据的信息和基础管道的优势,带给用户更好的业务体验。不同的用户有不同的需求,更需要个性化的体验。未来网络架构和运营方式应使得运营商能够根据用户和业务属性以及产品规划,灵活自主地定制网络应用规则和用户体验等级管理等。同时,网络应能智能化认知用户使用习惯,并能根据用户属性提供更加个性化的业务服务。

1.3.3　业务需求

(1) 支持高速率业务。无线业务的发展瞬息万变,仅从目前阶段可以预见的业务看,在移动场景下,大多数用户为支持全高清视频业务,需要达到 10 Mbit/s 的速率保证。对于支持特殊业务的用户,如支持超高清视频,要求网络能够提供 100 Mbit/s 的速率体验。在一些特殊应用场景下,用户要求达到 10 Gbit/s 的无线传输速率,如短距离瞬间下载、交互类 3D(3-Dimensions)全息业务等。

(2) 业务特性稳定。覆盖范围广、通信质量稳定对无线通信系统的基本要求。由于无线通信环境复杂多样,仍存在很多场景覆盖性能不够稳定的情况,如地铁、隧道、室内深覆盖等。通信的可靠性指标可以定义为特定业务的时延要求下成功传输的数据包比例。5G 网络在典型业务下,可靠性指标应能达到 99% 甚至更高;对于 MTC(Machine Type Communication,机器类型通信)等非时延敏感性业务,可靠性指标要求可以适当降低。

(3) 用户定位能力高。对于实时性的、个性化的业务而言,用户定位是一项潜在且重要的背景信息,在 5G 网络中,对用户的三维定位精度应提出较高要求,如对 80% 的场景(如室内场景)精度从 10 m 提高到 1 m 以内。

(4) 对业务的安全保障。安全性是运营商提供给用户的基本功能之一,基于人与人的通信到基于机器与机器的通信,5G 网络将支持各种不同的应用和环境。所以,5G 网络应当能够应对通信敏感数据有未经授权的访问、使用、毁坏、修改、审查、攻击等问题。此外,由于 5G 网络能够为关键领域,如公共安全、电子保健和公共事业提供服务,因此 5G 网络的核心要求是应具备能全面保证安全性的功能,用以保护用户的数据,创造新的商业机会,并防止或减少任何可能的网络安全攻击。

1.3.4　用户需求

(1) 终端多样性。2000 年以来,终端业务由传统的语音业务向宽带数据业务发展,终端形态呈现多样化发展,未来还会出现手表、眼镜等多种形态的终端,围绕个人、行业、家庭三大市场形成个性化多媒体信息平台。

智能终端的流行同时成就终端与互联网业务的结合,为用户带来全新的业务体验与交互能力,刺激用户对移动互联网的使用欲望,拉动数据流量的激增。根据相关统计,智能终端用户 70% 的时间花费在游戏、社交网络等活动上,随着终端的发展,将会产生更多的数据流量。智能终端每天业务量接近 1 GB 不再是梦想。

(2) 应用的多样性。智能终端的发展同时带动移动互联网业务的高速发展。移动互联网业务由最初简单的短/彩信业务发展到现在的微信、微博和视频等业务,越来越深刻地改变了信息通信产业的整体发展模式。

随着移动互联网业务的发展,5G 移动通信将会渗透各个领域,除了常规业务,如超高清视频(3D 视频)、3D 游戏、移动云计算外,还会在远程医疗、环境监控、社会安全、物联网业务等各个领域方便人们的生活。这些新应用、新业务仍然以客户为中心,关注用户的完美体验,并保证用户随时随地的最佳体验,更快速地开展业务,即使在移动状态下,仍然能够提供高质量的服务。因此,未来人机之间的混合通信对于网络流量增长,高效、便捷和安全访问非常重要,只有充分关注用户体验,才能促进整个移动通信行业的长远发展。

1.3.5　网络需求

(1) 由于频谱资源的有限性,需要提高频谱的使用效率。移动通信系统的频率由 ITU-R 进行业务划分。目前,ITU-R 划分了 450 MHz、70 MHz、800 MHz 、1 800 MHz、1 900 MHz、2 100 MHz、2 300 MHz、2 500 MHz、3 500 MHz 和 4 400 MHz 等频率给 IMT 系统使用。LTE 网络部署初期主要集中在 2.6 GHz、1.8 GHz 和 700 MHz。然而,由于各国家和地区使用情况存在差异,因此给产业链和用户带来困难。按照 ITU-R 的预计,10 年后,移动流量将是现在的 1 000 倍。如此巨大的数据流量亟须提升频谱的使用效率,改变目前碎片化的使用方式。

针对频谱资源稀缺问题,未来 5G 需要使用合适的频谱使用方式和新技术来提高频谱使用效率,如 TDD/FDD 融合的同频同时全双工(CCFD)可以有效提升频谱效率,并给频谱的使用提供方便。

(2) 需要通过 IPv6 促进网络融合。现有数字技术允许不同的系统,如有线、无线、数据通信系统融合在一起。这种融合正在全球范围内发生,并且迅速改变人们和设备的通信方式。基于 IP 的网络技术使其成为可能,并且是这场变革的骨干。基于 IP 的通信系统不管是为运营商和用户提供多种设备、网络和协议的连接,还是实现管理的灵活性和节省网络资源都具有重要的优势。由于 IP 化进程加快,各接入系统的互通可以通过共用 IP 核心网络实现任何时间、任何地点的最优连接。除此之外,IPv6 在安全性、QoS、移动性等方面具有巨大的优势。因此,IPv6 对未来网络的演进和业务发展起着重要作用。

1.3.6　5G 关键性能需求

5G 需要具备比 4G 更高的性能,支持 0.1~1 Gbit/s 的用户体验速率,每平方千米一百万个的连接数,毫秒级的端到端时延,每平方千米几十 Tbps 的流量密度,每小时 500 km 以上的移动性和几十 Gbps 的峰值速率。其中,用户体验速率、连接数密度和时延为 5G 最基本的三个性能指标。同时,5G 还需要大幅提高网络部署和运营的效率,相比于 4G,频谱效率提升 5~15 倍,能效和成本效率提升百倍以上。

性能需求和效率需求共同定义了 5G 的关键能力,犹如一株绽放的鲜花(见图 1-3-1)。红花绿叶相辅相成,花瓣代表了 5G 的六大性能指标,体现了 5G 满足未来多样化业务与场景需求的能力。其中,花瓣顶点代表相应指标的最大值;绿叶代表三个效率指标,是实现 5G 可持续发展的基本保障。

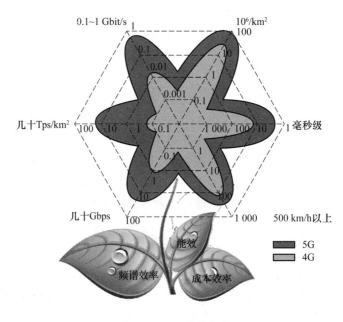

图 1-3-1 5G 关键能力

1.3.7 效率需求

频谱利用率、能耗和成本是移动通信网络可持续发展的三个关键因素。为了实现可持续发展,5G 系统相比于 4G 系统在频谱效率、能源效率和成本效率方面需要得到显著提升。具体来说,频谱效率需要提高 5～1.5 倍,能源效率和成本效率均要求有百倍以上的提升。

1.3.8 终端需求

无论硬件还是软件方面,智能终端设备在 5G 时代都将面临功能和复杂度方面的显著提升,尤其是在操作系统方面,必然会有持续的革新。另外,5G 的终端除了基本的端到端通信之外,还可能具备其他的效用,如成为连接到其他智能设备的中继设备,或者能够支持设备间的直接通信等。考虑目前终端的发展趋势以及对 5G 网络技术的展望,5G 终端设备将具备以下特性。

(1)更强的运营商控制能力。对于 5G 终端,应该具备网络侧高度的可编程性和可配置性,比如终端能力、接入技术、传输协议等;运营商应能通过空口确认终端的软/硬件平台、操作系统等配置来保证终端获得更好的服务质量;另外,运营商可以通过获知终端关于服务质量的数据,比如掉话率、切换失败率、实时吞吐量等来进行服务体验的优化。

(2)支持多频段、多模式。5G 网络时代必将是多网络共存的时代,同时考虑全球漫游,这就对终端提出了多频段、多模式的要求。另外,为了达到更高的数据速率,5G 终端需要支持多频带聚合技术。

(3)支持更高的效率。虽然 5G 终端需要支持多种应用,但其供电能力作为基本通信保障应有所保证,如智能手机充电周期为 3 天,低成本 MTC 终端的充电周期能达到 15 年。这就要求终端在资源和信令效率方面应有所突破,如在系统设计时考虑在网络侧加入更灵活的终端能力控制机制,有针对性地发送必须的信令信息等。

(4) 个性化。为满足以人为本、以用户体验为中心的 5G 网络要求,用户应可以按照个人偏好选择个性化的终端形态,定制业务服务和资费方案。在未来的网络中,形态各异的设备将大量涌现,如目前已经初见端倪的内置在衣服上用于健康信息处理的便携化终端、3D 眼镜终端等,将逐渐商用和普及。另外,因为部分终端类型需要与人长时间紧密接触,所以终端的辐射需要进一步降低,以保证长时间使用不会对人的身体造成伤害。

{课堂随笔}

项目 1.4　5G 应用场景

{问题引入}

1. 5G 移动通信系统的应用趋势主要体现在几个方面?

2. 5G 主要应用场景包括哪些?

3. 5G 的业务类型有哪些及其特点是什么?

1.4.1　5G 应用趋势

5G 移动通信技术的应用趋势将主要体现在以下 3 个方面。

(1)万物互联

从 4G 开始,智能家居行业已经兴起,但只是处于初级的智能生活阶段,4G 不足以支撑"万物互联",距离真正的"万物互联"还有很大的距离,而 5G 极大的流量能为"万物互联"提供必要条件。

未来数年,物联网的快速发展与 5G 的商用有着密不可分的关系。由于目前网络条件的限制,很多物联网的应用需求并不能得到有效满足,这其中主要包括两大场景:一是大规模物联网连接,每个终端产生的流量较低,设备成本和功耗水平也相对较低;二是关键任务的物联网连接,要求网络具备高可靠、高可用、高带宽以及低延时的特点。致力提供更高速率、更短时延、更大规模、更低功耗的 5G,将能够有效满足物联网的特殊应用需求,从而实现自动化和交通运输等领域的物联网新应用,加快物联网的落地和普及。事实上,在 5G 技术研发阶段,各组织机构已经达成共识:物联网将是 5G 重要的应用场景,也是 5G 最先部署和落地的应用场景。而在 5G 技术研发阶段,物联网的特殊需求也被各组织重点考虑。

(2)生活云端化

如果 5G 时代到来,4K 视频甚至是 5K 视频将能够流畅、实时播放;云技术将会更好地被利用,生活、工作、娱乐将都有"云"的身影;另外,极高的网络速率也意味着硬盘将被云盘所取缔;随时随地可以将大文件上传到云端。

5G 的移动内容云化有两个趋势:从传统的中心云到边缘云(移动边缘计算),再到移动设备云。由于智能终端和应用的普及,移动数据业务的需求越来越大,内容越来越多,为了加快网络访问速度,基于对用户的感知,按需智能推送内容,提升用户体验,需要开放实时的无线网络信息,为移动用户提供个性化、上下文相关的体验。在移动社交网络中,通常流行内容会得到在较近距离范围内的大量移动用户的共同关注。同时,由于技术进步,移动设备成为可以提供剩余能力(计算、存储和上下文等)的"资源",可以是云的一部分,即形成云化的虚拟资源,从而构成移动设备云。

(3)智能交互

无论是无人驾驶汽车间的数据交换还是人工智能的交互,都需要运用 5G 技术庞大的数据吞吐量及效率。由于只有 1 ms 的延迟时间,因此在 5G 环境下,虚拟现实、增强现实、无人驾驶汽车、远程医疗,这些需要时间精准、网速超快的技术也将成为可能。而 VR 直播、虚拟现实游戏、智慧城市等应用都需要 5G 网络来支撑。这些也将改变未来的生活。不仅手机和电脑能联网，家电、门锁、监控摄像机、汽车、可穿戴设备，甚至宠物项圈都能够连接网络。设想几个场景：宠物项圈联网后，例如宠物走失，找到它轻而易举；冰箱联网后，可适时提醒主人今天缺牛奶了；建筑物、桥梁和道路联网后，可以实时监测建筑物质量，提前预防倒塌风险；企业和政府也能实时监控交通拥堵、污染等级以及停车需求，从而将有关信息实时传送至民众的智能手机；病人生命体征数据可以被记录和监控，让医生更好地了解病人生活习惯与健康状况的因果关系。

1.4.2　5G 应用场景

相对于以往的移动通信系统，5G 不仅能满足人和人之间的通信，还将渗透社会的各个领域，以用户为中心构建全方位的信息生态系统。由于 5G 需要满足人与人、人与物、物与物的信息交互，应用场景将更加复杂和精细化。为此，我国于 2014 年发布《5G 愿景与需求》，定义了连续广域覆盖、热点高容量、低时延高可靠、低功耗大连接四类主要应用场景。2015 年 6 月，ITU-R 5D 完成了 5G 愿景建议书，定义 5G 系统将支持增强移动宽带、大规模机器通信及超高可靠低时延通信三大类主要应用场景。ITU 定义的 5G 主要应用场景如图 1-4-1 所示。总体而言，两者分类是一致的，均可分为移动互联网和物联网两大类场景。

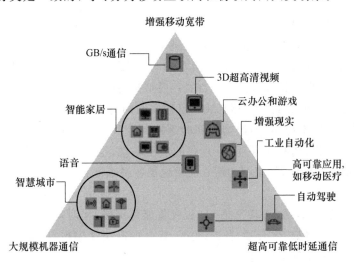

图 1-4-1　ITU 定义的 5G 主要应用场景

1.4.3　5G 业务类型及特点

对于移动互联网用户，未来 5G 的目标是达到类似光纤速度的用户体验。而对于物联网，5G 系统应该支持多种应用，如交通、医疗、农业、金融、建筑、电网、环境保护等，其特点都是海量接入。图 1-4-2 是 5G 在移动互联网和物联网上的一些主要应用。

数据流业务的特点是高速率，延时可以为 50～100 ms，交互业务的延时为 5～10 ms。现实增强和在线游戏需要高清视频和几十毫秒的延时。到 2020 年，云存储将会汇集 30% 的数字信息量，意味着云与终端的无线互联网速率须在光纤级别。

在物联网中，有关数据采集的服务包括低速率业务，如读表，还有高速率应用，如视频监控。读表业务的特点是海量连接、终端成本低、功耗低和数据包小。而视频监控不仅要求高速率,部署密度也会很高。控制类的服务有时延敏感和非敏感的。前者有车联网,后者包括家居生活中的各种应用。

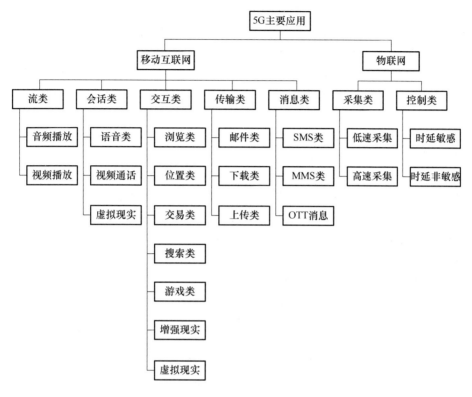

图 1-4-2　5G 的主要应用

　　5G 的需求列举了如下几大应用场景:密集居住区、办公室、商场、体育馆、大型露天集会、地铁系统、火车站、高速公路和高速铁路。对于每一种应用场景,又有不同的业务类型组合,可以是业务的一种或几种,在各个应用场景中的比例随用户比例不同而不同。

1．媒体类业务

　　媒体类业务包括用户熟知的视频类业务以及近 10 年来逐渐兴起的大视频业务、虚拟现实(Virtual Reality,VR)、增强现实(Augmented Reality,AR)业务等。在 5G 环境下,这些业务在移动性、用户体验、性能等方面将有新的发展。

　　(1)大视频业务

　　据贝尔实验室咨询部门报告:2012 年,移动设备的在线视频观看时长占全球在线视频观看总时长的 22.9％;2014 年,该比例上升至 40.1％;2020 年,33％的流量由 5G/4G 等无线网络承载,4K 超高清业务需要 50 Mbit/s 的稳定带宽,平均 40 Mbit/s 的 4G 网络已无法满足。

　　5G 技术的应用将带来移动视频点播/直播、视频通话、视频会议和视频监控领域的飞速发展和用户体验质的飞跃。

　　移动高清视频的普及,将由标清走向高清与超高清;高清、超高清游戏将普及,云与端的融合架构将成为常态;视频会议在 5G 时代任何位置的移动终端均可轻松实现且体验更佳,实时视频会议会让用户身临其境;高清视频监控将突破有线网络无法到达或者布线成本过高的限制,轻松部署在任意地点,成本更低,5G 时代的无线视频监控将成为有线监控的重要补充而被广泛使用。

（2）虚拟现实业务

虚拟现实技术利用电脑或其他智能计算设备模拟产生一个三维空间的虚拟世界,为用户提供关于视觉、听觉、触觉等感觉的模拟,使用户如同身临其境一般。近年来,随着芯片、网络、传感、计算机图形学等技术的发展,虚拟现实技术取得了长足的进步,虚拟现实技术已被成功应用于游戏、影视、直播、教育、工业仿真、医疗等领域。

随着 5G 的发展,万物互联时代到来,多数机构预测虚拟现实很可能成为下一代互联网时代的流量入口,承载流量整合、软件分发、信息共享等。近年来,一大批初创公司、IT 巨头和通信厂商等涌入虚拟现实领域。

主流虚拟现实设备分为连 PC 式头盔和插手机式头盔两类。

连 PC 式头盔是目前的主流方向,主机完成运算和图像渲染,通过 HDMI 线缆进行数据传输,2020 年全球销量达 3 990 万台,销售收入达 210 亿美元,主要面向具有深度游戏体验需求的中高端用户,通常需要配置可以感知用户视觉、听觉、触觉、运动信息的传感设备,为了保证用户具有较强的存在感,需要对画面进行精细绘制,头盔与主机间需要传输大量数据,受限于现有无线网络的传输速率和传输时延,通常采用 HDMI 线缆连接,极大地限制了用户的使用范围,影响用户体验。5G 较高的数据传输速率、低时延和较大的通信容量,将使用户摆脱线缆的约束,尽情享受虚拟现实游戏带来的快乐。

插手机式头盔的定位为入门级虚拟现实产品。该类型设备均价在 100 美元以下,比较适合具有观影与轻度游戏需求的用户,是未来市场普及的主流设备。智能手机感知用户头部位姿信息,负责高质量视频渲染,功耗大,很难长时间使用,同时受制于智能手机计算能力较弱、视频质量不高、有很强的颗粒感并且有一定时延的缺陷,体验不佳。在 5G 环境下,该类型的应用采用云端配合的架构,头盔仅负责获取用户头部位姿信息和显示视频,计算能力要求较高的视频渲染放在云端进行,通过无线网络将渲染好的视频帧传递给头套进行显示,用户可获得长时间的高质量视频观看体验。

（3）增强现实业务

增强现实技术是在虚拟现实基础上发展起来的一项技术,借助计算机图形技术和可视化技术将虚拟对象准确叠加在物理世界中,为用户提供感知效果更丰富的新环境。通信技术的发展、移动智能终端处理能力的增强、移动传感器设备性能的提升为智能终端上增强现实业务的普及提供了基础,为分层次打造个性化的信息服务提供了必要的支撑条件,也将极大地促进了移动互联网在教育、游戏、促销和购物、社交网络、商业统计、旅游等业务的创新。

2. 物联网业务应用

5G 将渗透物联网等领域,与工业设施、医疗器械、医疗仪器、交通工具等进行深度融合,全面实行万物互联,有效满足工业、医疗、交通等垂直行业的信息化服务需要。

人与物联网的实时交互,会因为 5G 而更加精彩纷呈。智能汽车、交通运输和基础设施是物联网应用的主要领域。

交通行业主要有三方面的挑战:一是出行效率;二是驾驶安全和联网安全;三是可持续的能源消耗模式。有效应对方案是万物互联＋网络协作＋信息融合＋智能分析决策。在网络本身连接之上,通过多源、异构信息的融合创造出更多的价值,服务于高效、安全的交通出行。

车联网技术属于低时延、高可靠的应用场景,通过终端直通技术,可以实现在汽车之间、汽车与路侧设备之间的通信,从而实现汽车主动安全控制与自动驾驶。V2X(Vehicle to X)自主安全驾驶,在 99.999％的传输可靠性下可将时延缩小到毫秒级,还支持多种场景的防碰撞检测与告警/车速导引、车车安全和交叉路口协同等。通过车与车、车与路边设备的通信,实现汽车的主动安全,比如紧急刹车的告警、汽车紧急避让、红绿灯紧急信号切换等。在未来,这些会成为汽车自动驾驶业务的关键技术。

{课堂随笔}

项目 1.5 5G 协议标准化进程

〖问题引入〗

1. 全球有哪些国家和组织参与了 5G 方面的研究工作?
2. 这些国家和组织在推动 5G 标准化的过程中做了哪些研究?

1.5.1 国际标准化组织

移动互联网和物联网作为未来移动通信发展的两大主要驱动力,为 5G 提供了广阔的应用前景。面向未来,数据流量的千倍增长、千亿设备连接和多样化的业务需求都将对 5G 系统的设计提出严峻挑战。与 4G 相比,5G 将支持更加多样化的场景,融合多种无线接入方式,并充分利用低频和高频等频谱资源。同时,5G 还将满足网络灵活部署和高效运营维护的需求,能大幅提升频谱效率、能源效率和成本效率,实现移动通信网络的可持续发展。

目前,许多国际组织、国家组织和企业都在积极进行 5G 方面的研究工作,如欧洲的METIS、iJOIN、5GNOW 等研究项目,日本的 ARIB、韩国的 5G 论坛、中国的 IMT- 2020(5G)推进组等,其他一些组织,如 WWRF、GreenTouch 等也都在积极进行 5G 技术方面的研究。IMT 专门成立 IMT-2020 从事 5G 方面的标准化工作。

1. ITU

在标准化方面,5G 工作主要在 ITU 的框架下开展。自 2012 年以来,ITU 启动了 5G 愿景、未来技术趋势和频谱等标准化前期研究工作。2015 年 6 月,ITU-R 5D 完成了 5G 愿景建议书,明确 5G 业务趋势、应用场景和流量趋势,提出 5G 系统的 8 个关键能力指标,并制订了总体计划:2016 年年初启动 5G 技术性能需求和评估方法研究;2017 年年底启动 5G 候选提案征集;2018 年年底启动 5G 技术评估和标准化,并于 2020 年年底完成标准制定。2015 年 7月,ITU-R SG5 确认将"IMT-2020"作为唯一的 5G 候选名称上报至 2015 年无线电通信全会(RA 15)审批通过,会议规定了后续开展 IMT-2020 技术研究所应当遵循的基本工作流程和工作方法。技术评估工作主要在 ITU-R 5D 中开展,而有关 5G 频率则通过世界无线电通信大会(World Radio Communication Conference,WRC)相关议题研究确定。

2015 年 11 月,WRC-15 大会在瑞士日内瓦召开,大会涉及 40 多个议题,反映了全球无线电技术、业务发展的现状,体现了无线电频谱资源开发利用的新趋势。针对 IMT 新增全球统一的频率划分议题,最终,1 427~1 518 MHz 成为 IMT 新增的全球统一频率,部分国家以脚注的方式标注 470~694/698 MHz、3 300~3 400 MHz、3 400~3 600 MHz、3 600~3 700 MHz、4 800~4 990 MHz 频段用于 IMT。这些频段成为 5G 部署的重要频率。同时,为适应全球ICT 的发展趋势,在 WRC-19 研究周期内,ITU 设立了高频段、智能交通、机器类通信、无线接入系统等一系列研究课题。这些课题有的与 5G 使用频率直接相关,有的则与 5G 应用相关。因此,在 5G 研究周期内,WRC-19 议题研究工作的开展十分重要。

2. 3GPP

3GPP(全球移动通信标准组织联盟)是 5G 标准化工作的重要制定者。5G 相关的研究工作正在各标准组织中进行。5G 标准化的完成凝聚了各标准化组织的贡献。各标准化组织间已建立联络机制，根据推进计划和时间需求，共同推动 5G 的标准化工作。

5GNR 的部署计划分两个阶段。

第一阶段：Release 15 版本的规范制定。原计划在 2018 年 6 月完成 Release 15 第一个版本。2017 年 12 月 21 日，在 3GPP RAN 第 78 次全体会议上，5G NR NR NSA（新空口非独立组网）首发版本正式冻结并发布。2018 年 2 月 23 日，沃达丰和华为完成首次 5G 通话测试。这一标准比原计划提前 6 个月完成，使得 OTSA（5G 开放试验规范联盟）边缘化，维护了全球统一标准。2018 年 6 月，3GPP 完成 R15 NR SA（新空口独立组网），它的组网方式是：5G 核心网、5G 基站，这是 5G 完整版。R15 NR SA 不仅定义了 5G 新空口（NR），还定义了新的 5G 核心网（5GC），并扩展增强了 LTE / LTE-A 功能。2019 年 3 月完成了 R15 Late Drop，它主要解决的是 5G 核心网与 5G 基站、4G 基站双连接的问题。

第二阶段：Release 16 版本的规范制定。2020 年 3 月该版本被冻结，并作为正式的 5G 标准被提交到 ITU-R IMT-2020。作为 5G 第二阶段的标准版本，3GPPR 16 版本在功能上做了较大增强，包括系统架构持续演进、针对垂直行业的应用增强、多接入增强以及人工智能方面的增强，是一个适应多种应用场景的独立组网（SA）版本。

3GPP 5G 相关标准化工作组主要涉及 SA1、SA2、SA3、SA5 和 RAN 等。其中：SA1 研究 5G 业务需求；SA2 研究 5G 系统架构；SA3 研究安全；SA5 研究电信管理；RAN 工作组研究无线接入网。

SA1 工作组关注 5G 业务需求研究，成立了 SMARTER（Study on New Service and Markets Technology Enablers，新业务和市场技术实现方法）研究项目，并分为 4 个子课题组，包括增强移动宽带、紧急通信、大规模机器通信、网络运维。项目研究内容包括业务需求案例、场景和对网络的潜在需求分析。

SA2 工作组成立 NedGen 研究项目进行 5G 网络架构研究。其研究成果由 3GPP TR23.799 Study on Architecture for Next Generation System（新型网络架构研究）输出。该项目负责 Release 14 阶段的 5G 网络架构研究。

3GPP 在 5G 核心网标准化方面重点推进以下工作。

在 Release14 研究阶段聚焦 5G 新型网络架构的功能特性，优先推进网络切片、功能重构、MEC、能力开放、新型接口和协议，以及控制和转发分离等技术的标准化研究，目前已经完成架构的初步设计。

Release15 启动的网络架构标准化工作，重点完成基础架构和关键技术特性方面的内容。研究课题方面将继续开展面向增强场景的关键特性研究，如增强的策略控制、关键通信场景和 UE relay 等，已在 2017 年年底完成 5G 架构标准第一版。

在 2016 年 11 月 18 日举行的 3CPP SA2♯118 次会议上，中国移动成功牵头 5G 系统设计。此项目为 R15"5G System Architecture"，简称 5GS，是整个 5G 设计的第一个技术标准，也是事关 5G 全系统设计的基础性标准，标志着 5G 标准进入实质性阶段。5GS 项目制定了《5G 系统总体架构及功能》和《5G 系统基本流程》两个基础性标准。

SA3 研究安全主要负责安全和隐私要求，并确定系统安全架构和协议。SA5 研究网络和业务（含 RAN、CN、IMS）的需求、架构和资源调配及管理。

虚拟化和切片是 5G 新型核心网的关键技术特征。5G 网络将是演进和革新两者的融合。5G 将形成新的核心网，并演进现有 EPC 核心网功能，以功能为单位按需解构网络。网络将变成灵活的、定制化的,基于特定功能需求的运营商或垂直行业拥有的网络。这就是虚拟化和切片技术可以实现的,也是 5G 核心网标准化的主要工作。

3. IEEE

电气与电子工程师协会(Institute of Electrical and Electronics Engineers,IEEE)是一个国际性的电子技术与信息科学工程师的协会,是目前全球最大的非营利性专业技术学会。其会员人数超过 40 万,遍布 160 多个国家。IEEE 致力电气、电子、计算机工程和与科学有关的领域的开发和研究,在太空、计算机、电信、生物医学、电力及消费性电子产品等领域已制定了 900 多个行业标准,现已发展成为具有较大影响力的国际学术组织。目前,国内已有北京、上海、西安、郑州、济南等地的 28 所高校成立 IEEE 学生分会。

作为全球最大的专业学术组织,IEEE 在学术研究领域发挥重要作用的同时也非常重视标准的制定工作。IEEE 专门设有 IEEE 标准协会(IEEE Standard Association,IEEE-SA),负责标准化工作。IEEE-SA 下设标准局。标准局又设置两个分委员会,即新标准制定委员会(New Standards Committees)和标准审查委员会(Standards Review Committees)。IEEE 的标准制定内容包括电气与电子设备、试验方法、元器件、符号、定义等多个领域。

IEEE 对于 5G 的发展主要是从 WLAN 技术,即 802.11 系列进行增强演进的,称为 HEW(High Efficiency WLAN),主要有 Intel、LG、三星、Apple、Orange、NTT 等公司加入。HEW 致力于改善 WLAN 的效率和可靠性,主要研究物理层和 MAC 层技术。

1.5.2 地区和国家组织

1. NGMN

NGMN 于 2006 年正式在英国成立有限公司。它是由七大运营商发起的,包括中国移动、NTT DoCoMo、沃达丰、Orange、Sprint Nextel、T- Mobile、KPN,希望通过市场发起对技术的要求,不管是下一步设备的开发还是实施等,都希望以市场为导向推行。

NGMN 是一个开放的平台,不仅欢迎各个移动运营商,也欢迎设备制造商、研究单位以及高校加入,它采用更开放的形式推动产业的发展,以获得更大的产业规模。在这个平台中,运营商希望推动下一代网络技术,保证性能和可实施性。它不仅在提需求,同时也在推动标准化,促进标准化组织的制定,开展跟踪最终产业链的形式。它会推动测试设备的开发,进行一些实验和评估等。

NGMN 成立在 4G 标准制定之后,且 4G 产业化之前,全球几个主要运营商发起成立了运营商联盟,希望共同选择面向 4G 的技术方案。最终 LTE 成为大家共同的一个选择,由此创造了 NGMN 后续将近十年的在 4G 领域的一个大发展。

面向 5G,NGMN 于 2015 年 2 月发布了关于 5G 的白皮书,展示了对 5G 的展望和其发展路标。自 2017 年起,NGMN 就开始了关于 5G 的实验和测试,希望能够加速 5G 端到端的成熟,满足运营商快速部署的需求。NGMN 在 2020 年发起成立了一个新的项目叫垂直行业的 URLLC 的需求。这个项目由中国移动牵头组织,其目标是希望提供针对垂直行业端到端的解决方案。

NGMN 目前的目标是向 2025 年的 5G 演进,给行业发展一个很好的指引。

2. 欧盟

欧盟是 5G 技术研发的引导者,早在 2012 年就全面启动了名为"METIS"的 5G 研发计划。METIS 定义 5G 以用户体验为中心,并针对场景需求、空口技术、多天线技术、网络架构、频谱分析、仿真及测试平台等方面进行深入研究。METIS 计划时间表如下:2012 年 11 月开始基础研究工作,主要探索未来移动通信的需求、特性、指标,形成 5G 关键技术架构;2015 年 5 月开始针对系统优化、标准化、场外试验进行技术细化研究;2018 年开始试商用,并在 2020 年实现全球商用。

在 5G 场景方面,METS 提出了虚拟现实办公、超密集城区、移动终端远程计算、传感器大规模部署和智能电网等 12 个典型的 5G 应用场景,并分析了在每个典型场景下的用户分布、业务特点和相应的系统关键能力需求。在 5G 业务方面,METIS 提出应包含增强型移动互联网业务、大规模机器通信和低时延高可靠通信。METS 项目对 5G 需求进行了系统性的研究,重点强调了新一代系统需要更好地支持物联网类业务。该项目的阶段性研究成果将作为欧盟在 5G 关键技术和系统设计上的重要参考,输入 ITU、3GPP 等国际标准组织,体现了欧盟的核心观点。

WWRF(Wireless World Research Forum)是欧盟的 5G 研究组织,由西门子、诺基亚、爱立信、阿尔卡特、摩托罗拉、法国电信、IBM、英特尔等世界著名电信设备制造商、电信运营商于 2001 年发起成立。WWRF 是致力移动通信技术研究和开发的国际性学术组织。其成员包括欧洲、美洲、亚洲的绝大多数电信设备制造商、电信运营商及知名大学从事移动通信技术研究的科学家。WWRF 的目标是在行业和学术界内对未来无线领域研究方向进行规划,提出、确立发展移动及无线系统技术的研究方向,为全球无线通信技术研究提供建设性的帮助。

2013 年,欧盟 5G 公私合营联盟(SCPP)正式成立。欧盟希望借助 5GPPP 的力量加快对 5G 的研发步伐。作为 METIS 的一个重要延展项目,5GPPP 是一个政府民间合作组织,由政府出资管理项目,吸引民间企业和组织参加,该组织由政府和主要设备商、运营商投资,进行未来 5G 网络架构、技术、标准等方面的研究。

5GPPP 将 METIS 项目的主要成果作为重要的研究基础,以更好地衔接不同阶段的研究成果。5GPPP 已完成第一轮研究课题申报。本次申报涉及无线网络架构与技术、网络融合、网络管理、网络虚拟化与软件定义网络 4 个研究领域的全部 16 个研究项目,共收到爱立信、诺基亚、三星、华为、英特尔等公司共计 83 个课题的立项申请。

2016 年 7 月,欧洲电信行业发布《5G 宣言》,希望欧盟放松监管,增加资金投入,提供适当的频谱资源,以确保下一代移动技术的全部潜力得以实现,并希望欧盟 5G 行动计划可以采纳《5G 宣言》提出的建议。

在全世界 5G 技术的发展进程中,欧洲进度相对缓慢。

3. 美国

2012 年,美国纽约大学无线中心成立了一个多学科研究中心,重点研究领域是 5G,医疗以及计算机科学等。根据无线中心的实验结果,未来 5G 网络用毫米波实现每秒吉比特级的传输速率是可行的。FCC(Federal Communications Commission,美国联邦通信委员会)提出 5G 性能的三大发展方向:一是 5G 无线链路可比拟为移动光纤,提供 10～100 倍于当前技术的网速;二是 5G 的平均延时约为 10 ms,当实时性要求较高时,如远程手术等应用,延时可小于 1 ms;三是为了满足速度和时延要求,5G 需要向拥有更大带宽的高频段寻求频谱资源。

FCC 认为 5G 将是美国优先发展的产业之一。为确保在 5G 应用开发领域的领先地位,FCC 在 2016 年 6 月提议要出台新政策,为 5G 技术提供更多频谱资源。2016 年 7 月 14 日,FCC 通过了"频谱新领域"提案,向 5G 开放 24 GHz 以上的高频频谱。此外,美国还主推利用频谱共享技术满足 3.5 GHz 中频段的 5G 频谱需求,以及通过激励拍卖释放广电 600 MHz 频段用于 5G 系统。

FCC 认为不应在 5G 标准制定后才考虑频谱计划,而是要让行业决定 5G 该如何运作。因此,美国政府只须提供充足的频谱资源,建议依靠电信设备商和运营商确立 5G 技术标准。2016 年 7 月,美国最大的无线运营商 Verizon 与 5G 技术论坛合作,率先完成了 5G 无线技术规范。该规范提供了测试和验证 5G 关键技术组件的指南,使设备商和运营商可以开发互操作的解决方案,有助于标准的测试和构建。

2020 年 10 月,美国电信行业解决方案联盟(ATIS)宣布成立"Next G Alliance"(下一个 G 联盟),目的在于推动北美 6G 及未来行动的技术领导地位,积极制定 6G 国家路线图,确立 6G 技术核心优先事项,以影响政府政策和投资,促进"Next G"技术商用化。

4. 其他国家

2012 年,英国成立 5G 创新中心(5GIC),开启 5G 技术的研发进程。该创新中心由萨里大学牵头,由多家行业内顶尖的通信企业共同参与。5G 创新中心的规划研究将分三阶段推进:第一阶段进行能源消耗、频段效率以及传输速度等方面的基础研究;第二阶段制定未来 5G 技术标准规范;第三阶段建立 5G 技术测试的试验平台、提供实验数据,为未来 5G 的商用奠定基础。

2012 年,韩国成立 5G 论坛(5G Forum),从而开启了全国范围内的 5G 技术研发工作。5G Forum 主要负责制定国家 5G 战略规划、中长期的技术研究规划,并促进移动通信生态系统的建立。2013 年,韩国发布"未来移动通信产业发展战略",并于 2015 年实现 Pre-5C 技术,2017 年年底开始进行 5G 试用,2018 年在平昌冬奥会期间进行完整测试,最终于 2020 年实现 5G 网络的正式商用,以期成为全球首个 5G 网络商用化的国家。

2013 年,日本 ARIB(Association Radio Industries and Businesses,电波产业协会)成立"2020 and Beyond Ad Hoc"5G 工作组,主要开展对未来移动通信系统概念、无线接入技术、网络基本架构等方面的研究。

5. 中国

为推动 5G 研发,我国工业和信息化部、发展和改革委员会和科学技术部在 2013 年 2 月联合成立了 IMT 2020(5G)推进组,集中国内"产学研用"优势单位,联合开展 5G 策略、需求、技术、频谱、标准、知识产权研究及国际合作,并取得了阶段性研究进展。

IMT-2020(5G)推进组初步完成了中国国内 5G 潜在关键技术的调研与梳理,将 5G 潜在关键技术划分为无线传输技术和无线网络技术,并分为两个子组,分别是无线技术组和网络技术组。无线技术组侧重于无线传输技术与无线组网技术的研究;网络技术组侧重于接入网与核心网新型网络架构、接口协议、网元功能定义以及新型网络与现有网络融合技术的研究。

我国 5G 国家科技重大专项已经启动,将与"863"任务相衔接,支持将 863 项目的研究成果转化应用到 IMT-2020 国际标准化进程中。5G 专项计划已于 2015 年启动毫米波频段移动通信系统关键技术研究与验证、5G 网络架构研究、5G 国际标准评估环境研究、5G 候选频段分析与评估、下一代 WLAN 关键技术研究和标准化与原型系统研发,以及低时延、高可靠性场景技术方案的研究与验证。

总体来看,我国 5G 推进计划与 ITU 的 5G 推进时间表相匹配,即 2013 年开始 5G 需求、频谱及技术趋势的研究工作;2016 年完成技术评估方法研究;2018 年完成 IMT-2020 标准征集;2020 年最终确定 5G 标准。

2012 年,我国命名 5G 为 IMT 2020;2014 年,我国向 ITU 建议以"IMT-2020"来命名 5G;2015 年,我国主推的 5G 命名——IMT-2020 被 ITU 采纳。

2014 年 5 月,我国 IMT-2020(5G)推进组面向全球发布《5G 愿景与需求白皮书》,详述我国在 5G 业务趋势、应用场景和关键能力等方面的核心观点。

在愿景需求方面,推进组提出了 8 个 5G 典型场景及每个场景下的潜在典型业务,所提出的典型场景包括密集住宅区、办公室、体育场和露天集会等全球普遍认可的挑战性场景,并包含地铁、快速路和高速铁路等中国特色场景以及广域覆盖场景。在此基础上,推进组定量分析了每个 5G 典型应用场景的业务需求,并提出了 5G 发展愿景及关键能力需求。

在技术场景方面,推进组从移动互联网和物联网主要场景及业务需求出发,通过提取关键技术特征,归纳了连续广域覆盖、高容量热点、低功耗大连接和低时延高可靠 4 个 5G 主要技术场景。其中:连续广域覆盖和高容量热点场景主要面向移动互联网作为传统的 4G 典型技术场景,将会实现性能指标的大幅提升;低功耗大连接和低时延高可靠场景主要面向物联网,是 5G 新的拓展场景,重点解决传统移动通信演进无法很好地支持物联网及垂直行业的应用问题。

在关键能力方面,为满足未来多样化的场景与业务需求,5G 系统的能力指标将比前几代移动通信更加丰富。用户体验速率、连接数密度、端到端时延、峰值速率、移动性等都将成为 5G 的关键性能指标,但推进组认为,其中最重要、最具标志性意义的指标是用户体验速率。它真正体现了用户可获得的真实数据速率,是与用户感受最密切相关的性能指标。结合未来 5G 业务需求及系统支持能力,5G 的用户体验速率指标应当为 Gbit/s 量级。

在核心技术方面,推进组提出 5G 将不再以单一的多址技术作为主要技术特征。其内涵更加广泛,将引入一组关键技术来共同定义,从场景适用性和技术重要性角度分析,大规模天线阵列、超密集组网、全频谱接入、新型多址技术以及新型网络架构将成为 5G 最核心的技术。

在 5G 关键性能指标方面,我国主推的 8 个指标均被 ITU 纳入《IMT 未来技术趋势》研究报告。在应用场景方面,我国提出的连续广域覆盖、高容量热点、多连接大功耗和低时延高可靠四大场景也与 ITU 结论基本相符。在无线技术方面,我国主推的大规模天线阵列、超密集组网、新型多址等核心技术,以及全双工、灵活频谱使用、低时延高可靠等重点技术均被 TTU 采纳。在网络技术方面,我国建议的 SDN、NFV、C-RAN、用户为中心网络等关键技术也被采纳。此后,我国 IMT-2020(5G)推进组又陆续发布了《5G 无线技术架构白皮书》《5G 概念白皮书》《5G 网络架构设计白皮书》《5G 网络技术架构白皮书》《5G 经济社会影响白皮书》和《5G 网络安全需求与架构白皮书》等,真实反映了我国意图引领 5G 发展的姿态。

全球的公司和运营商也积极地参与 5G 技术的研究,主要有爱立信、三星、华为、中国移动等。

【课堂随笔】

项目 1.6　5G 全球商用计划

{问题引入}

1. 全球哪些国家启动了 5G 商用服务?

2. 5G 商用的业务主要由哪些呢?

1.6.1　欧洲

1. 瑞士

2019 年 4 月 17 日,瑞士最大的电信运营商瑞士电信(Swisscom)宣布推出 5G 商用网络,这是欧洲首个大规模商用 5G 网络,为商用智能手机提供服务。商用 5G 网络和相关的 5G 服务现已在瑞士 54 个城市和社区提供,包括最主要人口区域:苏黎世、伯尔尼、日内瓦、巴塞尔、洛桑和卢塞恩。

在网络覆盖区域,持商用 5G 智能手机和路由器的瑞士电信用户能享受到 5G 高速、低时延和增强型移动宽带服务,及由此带来的在信息娱乐、游戏、虚拟现实和沉浸式媒体方面的超级体验。

2. 德国

根据德国 5G 战略,德国 2018 年开始建设 5G 试验网,2020 年正式商用。德国电信 2019 年已新建 2 000 座基站,计划到 2025 年建成覆盖全国 90% 的网络。

3. 英国

英国最大的移动运营商 EE 在 2019 年推出 5G 服务,从伦敦等地开始,已覆盖数百个英国城市。该公司也将提供全球首款 OnePlus 5G 智能手机,同时还将提供 HTC 和三星等厂家的 5G 终端。沃达丰、O2 等运营商也在 2020 年推出了 5G 服务。

4. 俄罗斯

俄罗斯最大的移动运营商 MTS 于 2019 年与三星合作完成了一系列 5G 测试。Tele2 俄罗斯公司 2019 年年初宣布,已经部署了 5 万座基站。GSM 协会预测,到 2025 年 5G 网络将覆盖俄罗斯 80% 的人口。

1.6.2　北美

1. 美国

美国时间 2019 年 4 月 3 日,Verizon 率先在明尼阿波利斯和芝加哥商用 5G,比原计划提前一周。4 月 9 日,AT&T 宣布将其 5G 网络部署范围再扩展 7 个城市,加上之前的 12 个城市,AT&T 在美国共有 19 个城市部署了 5G 网络。T-Mobile 在 2019 年下半年商用 5G。但由于相关基础设施建设不完善,截至 2021 年第一季度,美国 5G 网络状况一般。

2. 加拿大

加拿大电讯巨头罗渣士通信公司(Rogers Communications Inc.)于 2019 年上半年启动 5G 商用,到 2020 年 9 月,其 5G 技术扩展到了全国 50 个城市。Telus Mobility 在 2020 年向用户提供 5G 服务,温哥华地区的用户最早获得 5G 服务。

1.6.3　亚洲

1. 韩国

2018 年 12 月 1 日,全球首个 5G 网络商用国出现——韩国。在零点时刻,韩国三大移动通信运营商 SKtelecom、KT、LGU+共同宣布韩国 5G 网络正式商用,韩国成为全球第一个使用 5G 的国家。2019 年 3 月,韩国三大移动通信商正式推出面向个人用户群体的 5G 服务后,韩国 5G 面向企业和个人用户提供服务。2020 年,韩国科学和信息通信技术部的数据显示,他们的 5G 用户已有 925 万,环比增长 7.2%。韩国移动通信商推动 5G 服务的进程,给人留下两点的深刻印象:一是推动相关业务的进程较快,重视抢占先机;二是重视打造 5G 服务生态圈。

2. 日本

日本 2021 年东京奥运会以及残奥会成了日本发展 5G 的重要助力。为配合 2021 年东京奥运会和残奥会的举办,日本各运营商在东京等地区启动 5G 的商用,随后逐渐扩大区域。2018 年 12 月 5 日,日本软银(Soft Bank)株式会社公开了 28 GHz 频段的 5G 通信实测实验情况,日本总务省为 5G 准备了 3.7 GHz、4.5 GHz、28 GHz 三个频段,其中 28 GHz 是频宽最大的频段。日本的三家电信运营商,日本软银、KDDI 和 NTT Docomo 同在 2020 年 3 月底推出 5G 商用服务。但这三家公司的 5G 网络覆盖还非常有限,对用户的 5G 体验有很大的影响。

3. 中国

2019 年 6 月 6 日工信部向中国电信、中国移动、中国联通、中国广电发放 5G 商用牌照。这标志着我国正式进入 5G 商用元年。三大运营商在商用牌照正式发放之前已经开启了规模试验组网。中国移动分别在北京、天津、雄安、沈阳、郑州、兰州、南昌、成都、重庆、福州、南宁、深圳等 12 个城市,部署 500 个基站的 5G 示范网络。除此之外,中国移动还在 2019 年上半年在 12 个城市开展九大类 5G 应用示范,包括视频、娱乐、医疗、人工智能、交通、教育、工业制造、能源、智慧城市等。

2019 年 9 月,三大运营商陆续开启 5G 套餐预约,目前预约用户数已超过 1 000 万。2019 年 10 月 31 日,在 2019 年中国国际信息通信展览会上,工信部宣布:5G 商用正式启动。同一天,中国移动、中国电信、中国联通三大运营商公布了 5G 商用套餐,并于 10 月 31 日正式上线。

2021 年 5 月 21 日,我国国工业和信息化部公布 2021 年 1 月至 4 月我国通信业经济运行情况,数据显示:截至 4 月末,移动、电信、联通三家基础电信企业的移动电话用户总数达

16.05 亿,比上年年末净增 1 084 万。其中,5G 手机终端连接数达 3.1 亿,比上年年末净增 1.11 亿。

截至 2021 年 5 月,中国移动已完成 35 万个 5G 基站。中国电信与中国联通已提前完成全年 5G 共建共享建设任务,累计开通超过 32 万个 5G 基站,覆盖全国 300 多个城市,建成了全球规模最大的共建共享 5G 网络,年底前双方还要增加 5.8 万个 5G 基站。

{课堂随笔}

【重点串联】

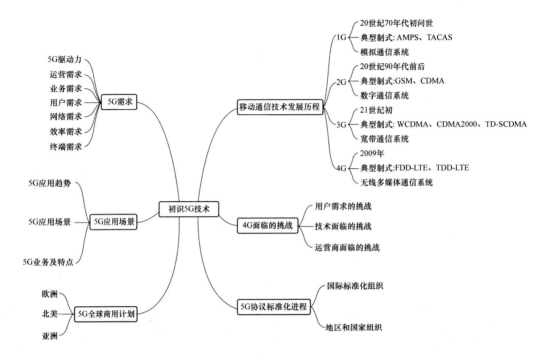

【基础训练】

1. 填空题

(1) 第一代移动通信系统(1G)的主要业务为_____业务。

(2) 第三代移动通信系统(3G)的主要制式为_____、_____和_____。

(3) 第三代移动通信系统的制式为_____和_____。

(4) 5G 的主要应用场景包括_____、_____和_____。

2. 判断题

(1) 韩国是全球第一个 5G 商用的国家。(   )

(2) 第三代移动通信系统可以实现全球漫游。(   )

(3) 我国 5G 商用时间是 2019 年 10 月 31 日。(   )

(4) 5G 技术的应用将带来超高清视频、VR/AR 及车联网等业务的飞速发展。(   )

3. 简答题

(1) 简述第三代移动通信系统的特点。

(2) 简述 4G 面临的挑战。

(3) 简述 5G 的业务类型。

模块 2 5G 关键技术与新空口

【教学目标】

1. 知识目标

（1）掌握 5G 频谱及部署策略；

（2）掌握新型多址技术；

（3）了解多载波技术；

（4）掌握 MASSIVE MIMO 技术；

（5）掌握 5G 空口协议层；

（6）了解 5G 空口帧结构。

2. 技能目标

具备分析 5G 系统基本运行过程的能力。

【课时建议】

10～16 课时

【基础知识】

项目 2.1 5G 频谱及部署策略

〔问题引入〕

1. 5G 系统可以用哪些频段？

2. 中国移动、中国联通和中国电信在哪些频段运营 5G？

3. 5G 空中接口的频点怎么计算？

2.1.1 5G 频谱

5G 的"空口"有一个专门的名称——5G NR。NR 就是 New Radio,新无线接口。下面，我们首先了解 5G 所使用的频谱。

根据 3GPP R15 版本的定义,5G NR 包括了两大频谱范围(Frequency Range,FR):FR1

和 FR2,如表 2-1-1 所示。FR1 频段,也称为 6 GHz 以下频段(Sub 6 GHz)。FR2 频段,称为毫米波频段(Millimeter Wave)。

表 2-1-1   5G NR 频谱

频谱范围	对应频段
FR1	450 MHZ～6 000 MHz
FR2	24 250 MHZ～52 600 MHz

FR1(表 2-1-2)包含 6 GHz 以下频段(Sub 6 GHz),又分为 Sub 3 GHz 和 C-band(3.4 GHz～4.9 GHz),其中,Sub 3 GHz 频段低覆盖性能好,但可用频率资源有限,大部分被当前系统占用。C-band 为目前 5G 的主要频段。

表 2-1-2   FR1 频段范围

频段	上行	下行	双工方式
n77	3 300 MHz～4 200 MHz	3 300 MHz～4 200 MHz	TDD
n78	3 300 MHz～3 800 MHz	3 300 MHz～3 800 MHz	TDD
n79	4 400 MHz～5 000 MHz	4 400 MHz～5 000 MHz	TDD

FR2(表 2-1-3)是毫米波频段,覆盖能力差,对射频器件性能要求高,初期部署不作为主要选择。

表 2-1-3   FR2 频段范围

频段	上行	下行	双工方式
n257	26 500 MHz～29 500 MHz	26 500 MHz～29 500 MHz	TDD
n258	24 250 MHz～27 500 MHz	24 250 MHz～27 500 MHz	TDD
n260	37 000 MHz～40 000 MHz	37 000 MHz～40 000 MHz	TDD

我们可以看出,4G 的频段号和 5G 的频段号并不是一致的对应关系。比如,4G LTE 的 B42 (3.4 GHz～3.6 GHz) 和 B43 (3.6 GHz～3.8 GHz),在 5G NR 里面,就变成了一个 n78 (3.4 GHz～3.8 GHz),而且,5G NR 中,n77 还包括 n78。这有两个原因:第一,为满足 5G NR 的大带宽需求,频率范围越大,相当于"马路"越宽,"车"就越多,当然传输速率越快;第二,为满足全球运营商的独特需求,不同国家的运营商在 C 频段的可用频率范围不同,n77 将这些范围全部包括进来,采用这种宽频方式定义频段,形成了少数几个全球统一频段,大大降低了终端支持全球漫游的复杂度。

另外,5G NR 还有 SDL 和 SUL,它们是辅助频段(Supplementary Bands),分别是下行辅助频段和上行辅助频段,如表 2-1-4 所示。

表 2-1-4   辅助频段范围

频段	上行	下行	双工方式
n75	N/A	1 432 MHz～1 517 MHz	SDL
n76	N/A	1 427 MHz～1 432 MHz	SDL
n80	1 710 MHz～1 785 MHz	N/A	SUL

续 表

频段	上行	下行	双工方式
n81	880 MHz~915 MHz	N/A	SUL
n82	832 MHz~862 MHz	N/A	SUL
n83	703 MHz~748 MHz	N/A	SUL
n84	1 920 MHz~1 980 MHz	N/A	SUL

在移动通信系统,决定基站覆盖范围大小的主要是上行频段,也就是手机的发射功率。但是,手机的发射功率不能变得和基站一样大,那怎么才能让手机发射信号的传播距离更远呢？一个有效的办法就是让手机在更低的频段发射信号。频率越低,穿透性越强,传输距离越远。以图 2-1-1 为例,下行频段使用 3.5 GHz,不变。上行频段在 3.5 GHz 的基础上,使用 1.8 GHz 的辅助频段(SUL),通过载波聚合或双连接的方式进行配合,从而补偿 3.5 GHz 上行频段覆盖不足的缺点。

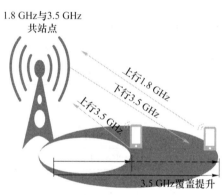

图 2-1-1　上下行解耦

2.1.2　中国 5G 频段

在中频段上,3.5 GHz 因有利于信号覆盖而被全球多个国家视为 5G 网络的先锋频段。中国、欧盟在毫米波上主要支持 24 GHz 方案(24.75 GHz~27.50 GHz)。

根据 2018 年 12 月发布的 5G 频谱规划方案,如表 2-1-5 所示,中国电信获得 3.4 GHz~3.5 GHz 的 100 MHz 频谱资源,中国移动获得 2 515 MHz~2 675 MHz 的 160 MHz 带宽及 4.8 GHz~4.9 GHz 的 100 MHz 频谱资源,中国联通获得 3.5 GHz~3.6 GHz 的 100 MHz 频谱资源。被业界认为是"黄金频段"的 700 MHz 一直掌握在中国广电手中。700 MHz 频段被看作是发展移动通信的黄金频段,具有信号传播损耗低、覆盖广、穿透力强、组网成本低等优势,而且适合 5G 底层网络。

表 2-1-5　中国运营商 5G 频段

运营商	5G 频段	带宽	5G 频段号
中国移动	2 515 MHz~2 675 MHz	160 MHz	N41
	4 800 MHz~4 900 MHz	100 MHz	N79
中国电信	3 400 MHz~3 500 MHz	100 MHz	N78
中国联通	3 500 MHz~3 600 MHz	100 MHz	N78

2.1.3　5G NR 频点计算

5G 中引入了频率栅格的概念,也就是中心频点不能随意配置,必须满足一定规律,主要目的是为了 UE 能快速地搜索小区。一般频点值都以 NR-ARFCN(NR 绝对射频频率信道编号)数值间接表示。

ARFCN(Absolute Radio Frequency Channel Number)即绝对无线频道编号,是指在 GSM 无线系统中用来鉴别特殊射频通道的编号方案。"ARFCN"一词源自 GSM 技术,随着新技术的发展,延伸出其他类似术语,如 UMTS / WCDMA 的 UARFCN、E-UTRAN/LTE 的 EARFCN,以及现在 5GNR 的 NR-ARFCN。

下面表格中的 N_{REF} 即绝对无线频道编号,也称为绝对频点号,一般在 RRC 消息中传递的都是这个信道编号,如果需要知道具体代表的频率值,参考式(2-1)中的频率 F_{REF} 的计算:

$$F_{REF} = F_{REF-Offs} + \Delta F_{Global}(N_{REF} - N_{REF-Offs}) \tag{2-1}$$

其中:F_{REF} 是中心频率;N_{REF} 为 5G 绝对频点号;F_{Global} 为子载波间隔,与工作频段有关,可查表获得;$N_{REF-Offs}$ 为绝对频点号起始值,可查表获得;$F_{REF-Offs}$ 为中心频率起始值,可查表获得。

表 2-1-6　N_{REF} 范围

频段	ΔF_{Global}	$F_{REF-Offs}$	$N_{REF-Offs}$	N_{REF} 范围
0～3 000 MHz	5 kHz	0 MHz	0	0～599 999
3 000～24 250 MHz	15 kHz	3 000 MHz	600 000	600 000～2 016 666
24 250～100 000 MHz	60 kHz	24 250 MHz	2 016 667	2 016 667～3 279 167

由表 2-1-6 可看出 3 000 MHz 以下频段的子载波间隔 ΔF_{Global} 是 5 kHz;3 000 MHz 以上频段(包括 FR1)的子载波间隔 ΔF_{Global} 是 15 kHZ;FR2 频段的子载波间隔 ΔF_{Global} 是 60 kHz。

举个例子说明绝对频点号的计算规则。例如在 n77 频段内,中心频率是 3 600 MHz 时,从表 2-1-6 中查得绝对频点号范围(Range of N_{REF})是 600 000,中心频率起始值是 3 000 MHz,子载波间隔是 15 kHz,所以 3 600 MHz 对应的频点号是 600 000+(3 600 MHz-3 000 MHz)/15 kHz=640 000。同理,可得到 FR1 频段的绝对频点号范围如表 2-1-7 所示,FR2 频段的绝对频点号范围如表 2-1-8 所示。

表 2-1-7　FR1 适用的 NR-ARFCN

NR 工作频段	ΔF_{Global}	N_{REF} 上行范围	N_{REF} 下行范围
n77	15 kHz	620 000～680 000	620 000～680 000
n78	15 kHz	620 000～653 333	620 000～653 333
n79	15 kHz	693 333～733 333	693 333～733 333

表 2-1-8　FR2 可适用的 NR-ARFCN

NR 工作频段	ΔF_{Raster}	N_{REF} 上下行范围
n257	60 kHz	2 054 167～21 04 166
n258	60 kHz	2 016 667～2 070 833
n260	60 kHz	2 229 167～2 279 166

〔课堂随笔〕

项目2.2 新型多址技术

{问题引入}

1. 5G 主要备选新型多址技术方案有哪些?
2. 基于多用户共享接入 MUSA 的设计原理是什么?
3. NOMA 的实现原理和采用的关键技术是什么?
4. SCMA 的设计核心是什么?
5. PDMA 的工作原理是什么?

5G 新型多址技术方案主要有多用户共享接入(MUSA)技术、非正交多址(NOMA)技术、图样分割多址(PDMA)技术、稀疏码分多址(SCMA)技术等。

2.2.1 MUSA

基于多用户共享接入 MUSA(Multi-User Shared Access)是一种基于码域叠加的多址接入方案。MUSA 通过创新设计的复数域多元码和基于串行干扰消除(SIC)的先进多用户检测,可以在相同的视频资源下支持数倍用户的接入。MUSA 工作原理如图 2-2-1 所示。对于上行链路,将不同用户的已调符号经过特定的扩展序列扩展后在相同资源上发送,接收端采用 SIC 接收机对用户数据进行译码。扩展序列的设计是影响 MUSA 方案性能的关键,要求在码长很短的条件下(4 个或 8 个)具有较好的互相关特性。对于下行链路,基于传统的功率叠加方案,利用镜像星座图对配对用户的符号映射进行优化,提升下行链路性能。MUSA 系统信令开销小,接入时延低,能简化终端的实现复杂度,降低终端的能耗。在不增加任何空口资源的前提下,使用 MUSA 技术可使接入用户数提升 3~6 倍,为 5G 海量物联网接入提供了解决方案。

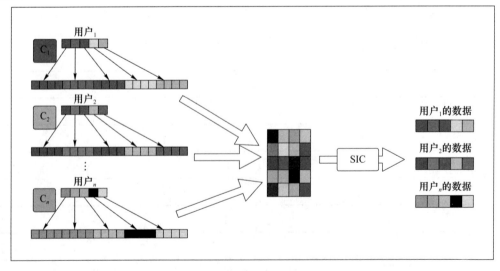

图 2-2-1 MUSA 原理

2.2.2　NOMA

Non-Orthogonal Multiple Access（NOMA）是由日本 DoCoMo 提出的,其原理如图 2-2-2 所示。在单基站、两用户场景下行链路中,基站采用叠加编码同时同频发送两个用户信号,但为不同信号分配不同的发射功率,即 $x = \sqrt{P_1}x_1 + \sqrt{P_2}x_2$,用户接收信号 $y_i = h_i x + w_i$。用户 1 靠近基站,其接收信噪比高,执行连续干扰抵消（SIC）算法检测出用户 1 的信号并从接收信号中减去,而用户 2 远离基站,接收信噪比低,不执行 SIC,将用户 1 的信号看成背景噪声。

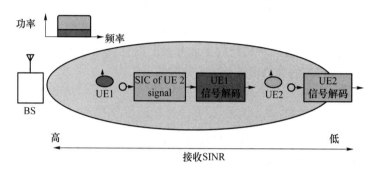

图 2-2-2　NOMA 原理

NOMA 比 OFDMA 的频谱效率提升 30%～40%。为了进一步提高频谱效率,将 NOMA 与 MIMO 结合,如图 2-2-3 所示,基站生成多波束,每个波束为 2 个用户提供服务。在接收端,采用两种干扰抵消技术:连续干扰抵消（SIC）和干扰抑制合并（IRC）。前者用于波束内用户之间的干扰抵消,后者用于波束间的干扰抑制。

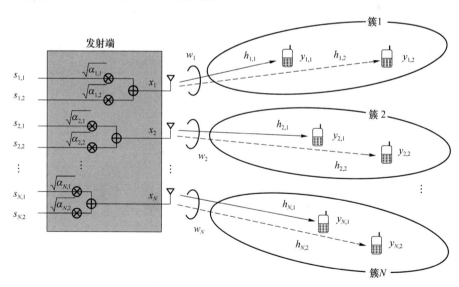

图 2-2-3　NOMA 与 MIMO 结合示意图

NOMA 中采用的关键技术主要有 SIC 技术和功率复用。

1. 串行干扰删除(SIC)技术

在发送端,类似于 CDMA 系统,引入干扰信息可以获得更高的频谱效率,但是同样也会遇到多址干扰(MAI)的问题。关于消除多址干扰的问题,在研究第三代移动通信系统的过程中已经取得很多成果,串行干扰删除(SIC)也是其中之一。NOMA 在接收端采用 SIC 接收机来实现多用户检测。串行干扰消除技术的基本思想是采用逐级消除干扰策略,在接收信号中对用户逐个进行判决,进行幅度恢复后,将该用户信号产生的多址干扰从接收信号中减去,并对剩下的用户再次进行判决,如此循环操作,直至消除所有的多址干扰。

2. 功率复用

SIC 在接收端消除多址干扰(MAI),需要在接收信号中对用户进行判决来排出消除干扰的用户的先后顺序,而判决的依据就是用户信号的功率大小。基站在发送端会对不同的用户分配不同的信号功率,来获取系统最大的性能增益,同时达到区分用户的目的,这就是功率复用技术。功率复用技术在其他几种传统的多址方案上没有被充分利用,其不同于简单的功率控制,而是由基站遵循相关的算法来进行功率分配的。

2.2.3 SCMA

SCMA(Sparse Code Multiple Access,稀疏码分多址接入)技术是由华为公司提出的第二个第五代移动通信网络全新空口核心技术,引入稀疏编码对照簿,通过实现多个用户在码域的多址接入来实现无线频谱资源利用效率的提升。SCMA 码本设计是其核心,码本设计主要是两大部分:(1)低密度扩频;(2)高维 QAM 调制。将这两种技术结合,通过共轭、置换、相位旋转等操作选出具有最佳性能的码本集合,不同用户采用不同的码本进行信息传输。码本具有稀疏性是由于采用了低密度扩频方式,从而实现了更有效的用户资源分配及更高的频谱利用率;码本所采用的高维调制通过幅度和相位调制将星座点的欧式距离拉得更远,在多用户占有资源的情况下利于接收端解调并且保证非正交复用用户之间的抗干扰能力。其设计原理如图 2-2-4 所示。

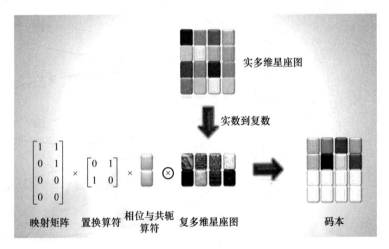

图 2-2-4 稀疏码本设计示意图

1. 低密度扩频技术

举例而言,现实生活中,如果一排位置仅有 4 个座位,但有 6 个人要同时坐上去,怎么办?解决的办法是这 6 个人挤着坐这 4 个座位。同理,在未来的第五代移动通信系统之中,如果某一组子载波之中仅有 4 个子载波,但是却有 6 个用户由于同时对某种业务服务有需求而要接入系统,怎么办? 低密度扩频技术就应运而生了。如图 2-2-5 所示,把单个子载波的用户数据扩频到 4 个子载波上,然后,6 个用户共享这 4 个子载波。可见,之所以称之为"低密度扩频",是因为用户数据仅仅只占用了其中的两个子载波,而另外两个子载波则是空载的,这就相当于 6 个乘客同时挤着坐 4 个座位。另外,这也是 SCMA(Sparse Code Multiple Access,稀疏码分多址接入)中"Sparse(稀疏)"的来由。

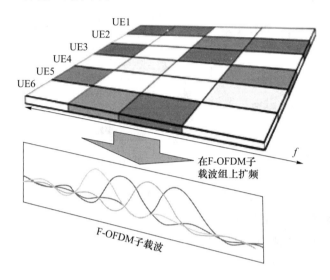

图 2-2-5　4 个子载波搭载 6 个用户示意图

2. 高维调制技术

传统的调制技术之中,仅涉及幅度与相位这两个维度。那么,在多维/高维调制技术之中,除了幅度与相位,多出来的是什么维度呢? 其实,多维/高维调制技术之中所调制的对象仍然是相位和幅度,但是最终却使得多个接入用户的星座点之间的欧氏距离拉得更远,多用户解调与抗干扰性能由此就可以大大地增强。每个用户的数据都使用系统统一分配的稀疏编码对照簿进行多维/高维调制,而系统又知道每个用户的码本,于是,可以在相关的各个子载波彼此不相互正交的情况下,把不同用户的数据最终解调出来。作为与现实生活中相关场景的对比,上述理念可以理解为:虽然无法用座位号来区分乘客,但是可以给这些乘客贴上不同颜色的标签,然后结合座位号,仍能把乘客区分出来。

SCMA(Sparse Code Multiple Access,稀疏码分多址接入)技术可在多个用户同时使用相同无线频谱资源的情况下,引入码域的多址,大大提升无线频谱资源的利用效率,而且通过使用数量更多的子载波组(对应服务组)和调整稀疏度(多个子载波组中,单用户承载数据的子载波数),来进一步地提升无线频谱资源的利用效率。

2.2.4　PDMA

功分多址 PDMA(Power Division Multiple Access)以用户信息理论为基础,在发送端利用图样分割技术对用户信号进行合理分割,在接收端进行相应的串行干扰删除(SIC),可以逼近多址接入信道的容量界。PDMA 的工作原理如图 2-2-6 所示,基站对于不同的用户,根据不同信道条件,使用不同的发射功率,远端用户可以直接解调接收信息,近端用户需要先消除串行干扰,再解码有用信号,这样通过功率的有机分配,可实现远近站功率和干扰容忍之间的平衡。用户图样的设计可以在空域、码域和功率域独立进行,也可以在多个信号域联合进行。图样分割技术在发送端利用用户特征图样进行相应的优化,加大不同用户间的区分度,从而有利于改善接收端串行干扰删除的检测性能。

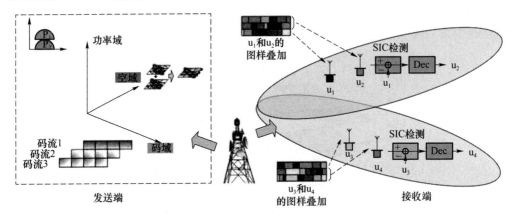

图 2-2-6 PDMA 工作原理

相对于 LTE 系统,采用上述新型多址技术不但可以使下行频谱效率提升 30% 左右,还可以将系统的上行用户连接能力提升 3 倍以上。同时,通过免调度传输方式,可以简化信令流程,大幅度降低数据传输时延。

用户体验速率、连接数密度以及时延是 5G 关键的三个性能指标,上述新型多址技术相比于 OFDM,不但可以提供更高的频谱效率,支持更多的用户连接数,还可以有效降低时延,可作为未来 5G 系统的基础性核心技术之一。

{课堂随笔}

项目2.3　基于滤波器组的多载波技术

〖问题引入〗

1. 4G OFDM 多载波技术在 5G 应用中会面临哪些挑战？

2. 滤波器组多载波技术 FBMC 的实现原理是什么？

3. 相比于 OFDM,FBMC 的优势有哪些？

4. FBMC 的主要应用和挑战是什么？

当前 LTE 标准中的高速无线通信的主要传信模式是 OFDM(正交频分复用)。OFDM 载波之间是相互正交的,这种正交性有效地抵抗了窄带干扰和频率选择性衰落。相比于传统 FDM,OFDM 技术频谱利用效率提高了一倍,并通过 CP 循环前缀有效地抗频率选择性衰落,它是利用 FFT/IFFT 模块进行计算的,实现复杂度低。

OFDM 技术也存在很多不足之处。比如,OFDM 系统的滤波方式为矩形窗滤波,并且在信号中插入循环前缀 CP 以对抗多径衰落,这带来了无线资源的浪费以及数据传输速度受损等缺陷。对于常规 CP,CP 占比达 6%～7%,扩展 CP 的 CP 占比高达 20%,降低了频效和能效。此外,由于 OFDM 技术采用了方波作为基带波形,载波旁瓣较大,从而在各载波同步不能严格保证的情况下使得相邻载波之间的干扰比较严重。OFDM 旁瓣较高的危害很多,主要有以下几个方面:较高的旁瓣会严重影响系统的频谱感知精度和效率,因为旁瓣能量过大,当按传统的能量感知方法进行感知的时候,无法判断检测到的到底是有用信号还是旁瓣,这会造成误判等后果;而且一般而言,通信系统中发送的信号能量有限,较高的旁瓣会占用主要信号的能量,导致能量的消耗和浪费;OFDM 信号旁瓣过大还会导致相邻子载波间的保护间隔变长,这会降低系统的频谱利用率和用户密度。OFDM 对载波频偏的敏感性高,具有较高的峰均比。各子载波必须具有相同的带宽,各子载波之间必须保持同步和正交,这限制了频谱使用的灵活性。OFDM 对于毫米波频段的实现(如超宽带宽、高频功放等)也面临巨大的挑战。

OFDM 作为最常用的滤波器组多载波技术,在理论上和应用上都已十分成熟,但因其诸多不足之处,这使得研究非矩形脉冲成型的多载波技术成为必要。

滤波器组多载波技术(Filter Bank based Multicarrier),又被称作 FBMC 技术。其技术本身可以有效解决频谱效率问题、多径衰落问题。FBMC 技术具有较强的抗干扰能力,可以有效满足一些高速率通信需求,并且保障信号的接收效果。作为新一代的核心技术,FBMC 技术应用于无线通信系统中,可以更好地适应新一代带宽的网络环境。

多载波通信采用多个载波信号,首先把高速数据流分割成若干并行的子数据流,从而使每个子数据流具有较低的传输速率,并用这些子数据流分别调制相应的子载波信号。在传输过程中,由于数据速率相对较低,码元周期变长,因此,只要时延扩展与码元周期的比值小于某特定值,就可以解决码间干扰问题。因为多载波调制对信道多径时延所造成的时间弥散性敏感度不强,所以,多载波传输方案能够在复杂的无线环境下给数字数据信号提供有效的保护。

FBMC 属于频分复用技术,通过一组滤波器对信道频谱进行分割以实现信道的频率复用。FBMC 系统由发送端综合滤波器和接收端分析滤波器组成,如图 2-3-1 所示。分析滤波器组把输入信号分解成多个子带信号,综合滤波器组将各个子带信号综合后进行重建输出。和普通 FFT 滤波器组相比:发送端 IFFT 之前增加了 OQAM 预处理模块,对复数信号进行了实部和虚部分离;IFFT 之后增加了多相结构 PPN(Poly Phase Network-多项滤波器组)模块,实现了频域的扩展,接收端也有对应的操作。IFFT 和 PPN 称为综合滤波器组(Synthesis Filter Bank,SFB),对应的接收端 FFT 和 PPN 称为分析滤波器组(Analysis Filter Bank,AFB)。此框架可以实现基本的基于 FBMC 的多载波调制解调功能。多相滤波器组的方法从时域的角度出发,保持 FFT 位数为 M 不变,通过在时域上做些额外的处理来实现原型滤波器。

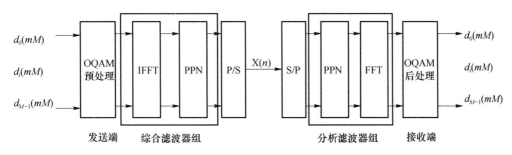

图 2-3-1　滤波器组多载波 FBMC 系统基本框架

FBMC 系统的资源分配较 OFDM 更为灵活,这是由于该多载波技术既可以选择窄子带,如 LTE 中选择子带宽度为 15 kHz,也可以像广义多载波那样选择子带宽度为 1.28 MHz。子带宽度不同时,系统的均衡和信道估计算法必然差别很大,在窄子带的条件下,可以和 OFDM 一样把子载波看作是平衰落,因此均衡时同样可以用单抽头频域处理,但如果是宽子带,就需要考虑子载波上频率选择性衰落的影响。

{课堂随笔}

项目 2.4　MASSIVE MIMO 技术

〔问题引入〕

1. 4G MIMO 技术在 5G 应用中会面临哪些瓶颈？

2. 大规模 MIMO 实现原理的是什么？

3. 实现大规模 MIMO 主要的关键技术有哪些？

4. 大规模 MIMO 的主要应用和挑战？

MIMO 就是"多进多出"（Multiple-Input Multiple-Output），指在发射端和接收端分别使用多个发射天线和接收天线，使信号通过发射端与接收端的多个天线传送和接收，从而改善通信质量。它能充分利用空间资源，通过多个天线实现多发多收，在不增加频谱资源和天线发射功率的情况下，可以成倍地提高系统信道容量，显示出明显的优势、被视为第五代移动通信的核心技术。

2.4.1　Massive MIMO 简介

在 LTE 时代，我们就已经有 MIMO 了，但是天线数量并不多，只能说是初级版的 MIMO。到了 5G 时代，面对呈指数上升的无线数据业务量，传统的 MIMO 技术并不能满足当今大容量、高速率的要求。基本上，如果在发送端或接收端配备更多的天线，传播信道就可以提供更多的自由度、更好的数据速率，链路可靠性方面的性能就可得到。MIMO 技术持续发展，有了现在的加强版 Massive MIMO（Massive：大规模的，大量的）。

大规模 MIMO（Massive MIMO）是 5G 中提高系统容量和频谱利用率的关键技术。它最早由美国贝尔实验室研究人员提出，研究发现，当小区的基站天线数目趋于无穷时，加性高斯白噪声和瑞利衰落等负面影响全都可以忽略不计，数据传输速率能得到极大提高。在大规模 MIMO 系统中，基站配置大量的天线数目，通常有几十、几百甚至几千根，是现有 MIMO 系统天线数目的 10～100 倍，而基站所服务的用户设备（User Equipment，UE）数目远少于基站天线数目。基站利用同一个时频资源同时服务若干个 UE，充分发掘系统的空间自由度，从而增强了基站同时接收和发送多路不同信号的能力，大大提高了频谱利用率、数据传输的稳定性和可靠性，如图 2-4-1 所示。

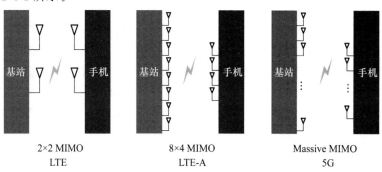

图 2-4-1　MIMO 天线收发示意图

　　以前的基站,天线是按"根"来算的,而现在是按"阵"来算的,把大量天线编排成阵列。在基站上布设天线阵列,通过对射频信号相位的控制,使得相互作用后的电磁波的波瓣变得非常狭窄,并指向它所提供服务的手机,而且能根据手机的移动而转变方向。这种空间复用技术,由全向的信号覆盖变成了精准指向性服务,波束之间不会干扰,能在相同的空间中提供更多的通信链路,极大地提高了基站的服务容量。它还利用大规模多天线系统,实现了三维波束赋型(见图 2-4-2)和多流多用户资源复用,在大幅提升系统容量和立体覆盖的同时,降低干扰。作为 5G 通信系统的关键技术之一,它可以有效提升系统容量、提高频率复用效率、降低网络干扰。大规模 MIMO(Massive MIMO, Large-Scale MIMO),在收发两端配置多根天线,特别是在基站侧配置大量天线单元,获得空间自由度(DoF),既能实现小区内空间复用(Intra-Cell Spatial Multiplexing),也能实现小区间干扰抑制(Inter-Cell Interference Mitigation),提高频谱效率和能量效率。

图 2-4-2　Massive MIMO 三维波束

2.4.2　Massive MIMO 关键技术

1. 信道估计

　　在移动通信系统中,信号传输的有效性依赖信道状态信息(CSI)的准确性。然而,在 Massive MIMO 系统中,基站侧天线数以及小区内用户数目的增加,导致信道状态信息的获取及准确性成为关键问题。在现有的移动通信系统中,主要存在频分双工(FDD)和时分双工(TDD)两种双工模式。

　　当系统采用 FDD 模式时,上下行所需要的 CSI 是不同的。基站侧进行的上行信道估计需要所有用户发送不同的导频序列,此时上行导频传输需要的资源与天线的数目无关。然而,下行信道获取 CSI 时,需要采用两阶段的传输过程:第一阶段,基站先向所有用户传输导频符号;第二阶段,用户向基站反馈估计到的全部或者部分 CSI,此时传输下行导频符号所需要的资源与基站侧天线数目成正比。当采用 Massive MIMO 系统时,基站侧天线数目的增加大大增加了 CSI 获取时占用的资源量。

　　在 Massive MIMO 系统中,系统所需的反馈信息量随着天线数目的增加呈正比例增长,由此引发的系统反馈开销的增加以及反馈信息准确性、及时性的降低已经成为 FDD 双工模式发展的瓶颈。因此,针对 Massive MIMO 系统的 FDD 模式,最关键的问题在于降低数据传输中反馈占用的资源量。

TDD 可以利用信道互易性直接通过上行导频估计出信道矩阵,避免了大量的反馈信息需求。对于 TDD 系统,这种消耗则与用户数量成正比。CSI 获取的具体过程如下:首先,用户发送导频序列,基站利用这些导频序列估测系统中所有的信道状态信息;然后,基站使用估测到的信道状态信息检测上行数据,同时,估计小区中用户的波束赋形矢量,发送下行数据。然而,在多用户 Massive MIMO 系统中,基站侧天线数目及系统中用户数目都很多,使得与相邻小区的不同用户对应的导频序列可能不完全正交,从而引入了用户间干扰及导频污染问题。对于 TDD 传输模式,导频污染是限制其性能的重要因素之一,因而受到了国内外专家学者的广泛重视。

2. 预编码方法

预编码技术主要是在发射端对传输信号进行处理的过程,其主要目的是优化传输信号,简化接收端的复杂程度,提升系统容量及抗干扰能力。预编码分为线性预编码和非线性预编码两种。线性预编码主要有匹配滤波器(MF)、迫零预编码(ZF)等,非线性预编码主要有脏纸编码(DPC)、矢量预编码(VP)等。

线性预编码复杂度低,实现较简单。非线性预编码如脏纸编码计算复杂度较高,但往往会获得更佳的效果。然而,在 Massive MIMO 系统中,随着基站侧天线数目的增长,一些线性预编码算法,比如匹配滤波器、迫零预编码等将会获得渐进最优的性能。因此,在实际应用中,采用低复杂度的线性预编码算法更为现实。

3. 信号检测

接收端信号检测器主要用于在 MIMO 上行链路中恢复多传输天线发送的期望接收信号。设计低功耗且低计算复杂度的接收端较为复杂但具有巨大的实际意义,因而在最近的关于 Massive MIMO 系统的研究中,信号检测算法的性能受到了广泛的关注。

常用的信号检测算法包括最大似然检测(MLD)、迫零检测(ZFD)、最小均方误差检测(MMSED)、连续干扰消除(SIC)等。

4. 天线阵列分布

在 Massive MIMO 系统中,基站端装备大规模天线阵列,利用多根天线形成的空间自由度及有效的多径分量,提高系统的频谱利用效率。文献研究表明,MIMO 系统的容量取决于信道矩阵 **H** 的秩,而信道矩阵 **H** 的秩取决于信号传输模型中相关性的大小。大规模天线阵列的分布形式严重影响相关性的分布,当天线数目较多时,天线阵列分布可以采用多种形式,包括直线形阵列、圆形阵列、平面阵列等。

在分析研究中,较为常见的天线阵列包括均匀线性阵列(Uniform Linear Array,ULA)、均匀平面阵列(Uniform Planar Array,UPA)、均匀圆形阵列(Uniform Circular Array,UCA)等。

在线性天线阵列中,当天线间距小于半波长时,由于天线间相关性比较强,导致大规模天线阵列系统提升频谱效率的能力急剧下降。为保证信道不相关,天线之间的距离至少需要保持在四分之一波长以上,频段越高,波长越小,相同的空间可布局的天线数目就越多。

5. 互耦效应

移动通信系统中,天线的作用主要是实现空间的电磁信号与电路传输中电压或电流信号的相互转换。然而,每个天线端口检测到的电压或者电流的值往往受其他相邻天线端口的影响,而不仅仅与直接入射的电磁信号相关。通常,每个天线端口接收到的电磁信号既在本天线端口处感应出相应的电压/电流信号,同时又激发出一个感应电磁场,影响相邻天线端口的电压/电流值,这种现象称为互耦效应。

在传统 MIMO 系统中,天线的部署较为松散,天线端口的间距足够大以至于互耦效应并不明显。但是当应用 Massive MIMO 系统时,基站侧需要在固定的物理空间内装备大量的天线,往往不能保证天线端口间的隔离距离。经典的 MIMO 研究理论表明,当天线端口之间的间距小于或者等于二分之一传输电磁波的波长时,可以明显观察到信号受天线互耦效应的影响。当天线端口之间的间距进一步减小时,互耦效应对信号的影响则愈加明显。

2.4.3 Massive MIMO 的优势

Massive MIMO 有着以下几方面的优势。

1. 提高空间分辨率和频谱效率

Massive MIMO 有着更强的空间分辨率,在对空间维度资源深入挖掘之后,可以有效提高系统的空间自由度,能深度挖掘空间维度资源,使得基站覆盖范围内的多个用户在同一时频资源上可利用 Massive MIMO 提供的空间自由度与基站同时进行通信,提升频谱资源在多个用户之间的复用能力,从而在不需要增加基站密度和带宽的条件下大幅度提高频谱效率。

2. 降低硬件成本

Massive MIMO 总发射功率固定,单根天线的发射功率很小,选用低成本功放即可满足需求。由于基站天线数量大,因此部分阵元故障不会对通信性能造成严重影响。

3. 提高数据传输可靠性

波束形成(下行预编码)获得的电波空间指向性能抑制多径效应、阴影效应造成的衰落,降低数据传输的差错率。

4. 简化多址接入协议

基于 Massive MIMO + OFDMA,子载波信道增益基本相同,可省略资源调度,减少控制开销;此外,对 NOMA 的支持可使基站利用相同的时频资源为特定用户发送分离信号。

5. 具有更好的鲁棒性

Massive MIMO 的天线数目远大于 UE 数目,因此,系统具有很高的空间自由度和很强的抗干扰能力。当基站天线数目趋于无穷时,加性高斯白噪声和瑞利衰落等负面影响全都可以忽略不计。

此外,Massive MIMO 系统利用波束形成技术使发送信号具有良好的指向性,空间干扰小;利用天线增益降低发射功率,提高系统能效,减小电磁污染;集中辐射于更小的空间区域内,从而使基站与 UE 之间射频传输链路上的能量效率更高,减少基站发射功率的损耗,是构建未来高能效绿色宽带无线通信系统的重要技术。

2.4.4 Massive MIMO 的应用挑战

Massive MIMO 天线的主要应用场景是高负荷区域、高楼层区域、高干扰区域、上下行受限区域。这些区域用户密集且流量需求大,对通信网络各方面的要求也很高,而 Massive MIMO 技术则能够很好地满足这些要求,是 5G 移动通信非常重要的一项技术。设计 Massive

MIMO 系统面临以下挑战。

1. 巨大的反馈开销

基站部署大量天线单元,首先要考虑的问题是如何降低下行链路信道状态信息估计开销。TDD 利用信道互易性对环境有一定要求,要求上下行信道条件基本一致;FDD 的反馈机制则面临巨大的反馈开销。

2. 信道相关性

Massive MIMO 系统的信道响应矩阵各元素不一定是独立分布的,即存在相关性和互耦效应(MC),会降低信道容量,且相关信道传输不支持最大比合并(MRC)和最大比发送(MRT)。Massive MIMO 站配置有大量的天线,天线密度过高、距离太近容易使传输信道呈现相关性,降低信道容量。

3. 导频污染

在多小区 Massive MIMO 系统中,小区间导频复用会产生导频污染,如何设计高效、合理的导频分配机制为另一个挑战。理想情况下,TDD 系统中上下行各个导频符号之间都是相互正交的,这样接收端接收到的相邻小区的干扰信号都可以利用正交性在解码时消除,然而在实际的 Massive MIMO 系统中,相互正交的导频序列数目取决于信道延迟扩展及信道相干时间,并不能完全满足天线及用户数量增加带来的导频序列数目的需求。用户数量的增加使相邻小区间不同用户采用非正交的(相同的)导频训练序列,从而导致基站端对信道估计的结果并非本地用户和基站间的信道,而是被其他小区用户发送的训练序列所污染的估计,进而使得基站接收到的上行导频信息被严重污染。

当存在导频污染时,用户与各个小区基站之间的导频信号非正交,多个导频信号相互叠加,使得基站的信道估计产生误差。而信道估计的误差将会导致基站侧对传输信号的处理过程出现偏差,进而引入小区间干扰并导致速率饱和效应,导频污染成为限制 Massive MIMO 的关键问题。

4. 复杂的信道模型

如何构建信道模型,如何设计阵列结构等,均是阻碍 Massive MIMO 快速应用的问题。无线信道根据其自身特点和研究需要,可以建立多种模型。

天线阵子的动态组合及分配和用户终端的移动性,导致传统发射端位置固定的信道估计和建模方式不再适用。多个用户在地理位置的随机分布将显著影响天线阵子的分配,基站需要依赖信道的移动性和能量在空间的连续性尽快做出最优或者较优的信道估计。信道能量在空间不均匀的分布、不同的散射体和反射体的回波只对不同的天线阵子可见,意味着信道的相关性将难以预测,衰落将呈现非静态特征。

未来对于 Massive MIMO 的研究需要关注以下几个方面。

(1)为了实现高速率数据传输,Massive MIMO 技术对硬件复杂度的要求更高,对功率的消耗更大。因此,降低 Massive MIMO 的发射功率十分必要。

(2)为了增加每个 Massive MIMO 基站服务用户的数量,必须研究导频污染消除等先进技术。

(3)迫切需要利用更加先进且性价比更高的非线性预编码器,尤其是在天线数量很多的情况下。

{**课堂随笔**}

项目 2.5 5G 新空口

{问题引入}

1. 5G 的空中接口协议与 4G 有什么不同？

2. 5G 空中接口有哪些物理信道与信号？

2.5.1 5G 空口协议层

1. 协议结构

5G 空中接口 NR 的协议结构与 LTE 类似，分为三层两个平面。两个平面是用户面和控制面。用户面协议结构如图 2-5-1 所示，控制面协议结构如图 2-5-2 所示。其中层一 PHY 与 LTB 类似，层二包含 SDAP(用户面)、PDCP、RLC 和 MAC 层，层三只在控制面，包含 RRC。第一层为高层的数据提供无线资源及物理层的处理；第二层对不同的层三数据进行区分标示，并提供不同的服务；第三层是空中接口服务的使用者，即 RRC 信令及用户面数据。

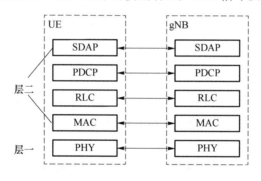

图 2-5-1 NR 用户面协议栈

用户面主要功能包括头压缩、加密、调度、ARQ/HARQ。其中 5G 用户面增加新的协议层 SDAP(Service Data Adaptation Protocol)，完成流(5G QoS flow)到无线承载(DRB)的 QoS 映射，为每个报文打上流标识 QFI(QoS flow ID)。

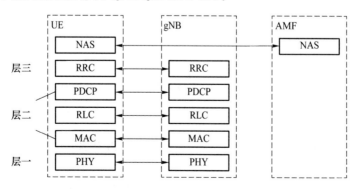

图 2-5-2 NR 控制面协议栈

控制面各部分的主要功能如下：RLC 和 MAC 层的功能与用户面一致；PDCP 层完成加密

和完整性保护;RRC 层完成广播、寻呼、RRC 连接管理、资源管理、移动性管理、UE 测量报告控制;NAS 层完成核心网承载管理、鉴权及安全控制。

2. 各层功能

（1）RRC 层

RRC 层具有以下功能。

① 系统消息广播；

② 准入控制；

③ 安全管理；

④ 小区重选；

⑤ 测量上报；

⑥ 切换和移动；

⑦ NAS 消息传输；

⑧ 无线资源管理。

5G NR 的 RRC 层与 LTE 相比,一个比较大的不同在于 RRC 状态。LTE 中只有 RRC IDLE 和 RRC CONNECTED 两种 RRC 状态,也就是空闲态和连接态。手机正在上网,则是连接态,而无业务就是空闲态,如果要进行一次数据传输,首先手机要从空闲态发起 RRC 连接建立,进入连接态。5G 新空口引入了一个新状态,即 RRC INACTIVE。引入这个 RRC 状态的目的是降低连接延迟、减少信令开销和功耗,以适应物联网应用场景。

（2）SDAP 层

用户面增加新的协议层 SDAP(Service Data Adaptation Protocol)。4G 网络的 QoS 是由核心网发起的,以承载为基本粒度。4G 的 QoS 等级数量有限,无法实时调整。5G 在这方面做了改进,在空中接口引入 SDAP,在封装 IP 包时,增加数据包的 QoS 标识符,实现基于 IP 流而不是 EPS 承载的 QoS 空中,实现真正的端到端的 QoS 机制。

SDAP 层完成以下功能。

① 完成流(5G QoS flow)到无线承载(DRB)的 QoS 映射；

② 在上下行数据包中打上标识 QoS flow ID(QFI)。

（3）PDCP 层

PDCP 层具有以下功能。

① 用户面 IP 头压缩；

② 加/解密；

③ 控制面完整性校验；

④ 排序和复制检测。

（4）RLC 层

RLC 层负责传输模式控制,一个 RLC 实体可以配置以下三种模式。

① TM 透明模式,不为上层的 PDU 添加额外信息直接透传,实时语音业务通常采用 RLC 透明模式；

② UM 非确认模式,添加额外信息,所传送的信息不需对等实体确认,UM 模式的业务有小区广播和 IP 电话；

③ AM 确认模式,添加额外信息,所传送的信息需对等实体确认,AM 模式是分组数据传输的标准模式。

在非确认模式和确认模式下,RLC 层还负责分段和重组,而在确认模式下 RLC 还负责纠错,要求发送端重传。

（5）MAC 层

MAC 层具有以下功能。

① 信道映射和复用;

② 纠错;

③ 无线资源分配调度。

（6）PHY 层

PHY 层具有以下功能。

① 错误检测;

② 信道编码;

③ 速率匹配;

④ 物理信道的映射、调制和解调;

⑤ 频率/时间同步、无线测量;

⑥ MIMO 处理、射频处理。

2.5.2　5G 空口帧结构

NR R15 标准确定下行采用 CP-OFDM,上行采用 CP-OFDM 及 DFT-s-OFDM（SC-FDMA）。所以,NR 采用和 LTE 基本相同的维度描述物理资源。时间资源包括无线帧、子帧、时隙、基本时间单位、物理信道和信号以及 OFDM 符号。

5G 无线帧和子帧的长度与 4G 一样,可以很好地实现 4G 与 5G 同时部署时时隙与帧结构的同步,可以简化小区搜索和频率测量。一个无线帧 10 ms 分为 10 个子帧,每个子帧 1 ms,如图 2-5-3 所示。然后在子帧上划分时隙,4G 中 1 个子帧 14 个符号,分为两个时隙。当 5G 空口统一规定在常规 CP 时,14 个符号为一个时隙,在子帧中可以划分多个时隙,具体多少时隙是与符号时长有关的。

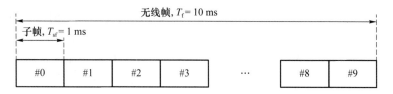

图 2-5-3　NR 帧结构

3GPP TS 38.211 R15 协议引入灵活系统参数（Numerology）,定义了不同的子载波间隔（SCS）,不同子载波间隔又对应不同的时域帧结构。5G NR 面向三大应用场景,适用于大量的应用,因此设计了一个可扩展且灵活的物理层,支持不同的、可扩展的参数集。

OFDM 把带宽划分为若干正交的子信道,而子载波间隔的大小与符号时间长度及 CP 有关。子载波间隔越小,则符号时间越长,CP 的开销也越大。LTE 仅支持 15 kHz 子载波,5G 的子载波宽度和时隙数可以灵活配置,更方便支持各种类型的业务。3GPP 规定了 $\Delta F * 2^m$ 的原则,也就是 5G NR 的子载波间隔可以和 LTE 一样是 15 kHz,也可以是 15 kHz 乘以 2 的幂次,m 可以取 $-2,0,1,2,3,4,5$。如表 2-5-1 所示,FR1 频段中,子载波间隔可以取 15 kHz、30 kHz、60 kHz,FR2 频段子载波间隔可以取 60 kHz 和 120 kHz。

表 2-5-1　NR 可变子载波间隔与时隙时长

频率范围	子载波间隔/kHz	一个周期时长/μs	14 个常规 CP 的 OFDM 符号时隙/ms
FR1	15	66.7	1
	30	33.3	0.5
	60	16.7	0.25
FR2	60	16.7	0.25
	120	8.33	0.125

根据表 2-5-1,当载波间隔是 15 kHz 时,14 个符号为 1 ms,也就是一个子帧只有 1 个时隙,是 30 kHz 时有 2 个时隙,是 60 kHz 时有 4 个时隙,是 120 kHz 时有 8 个时隙,如图 2-5-4 所示。这意味着,当通过时隙对 5G 的资源进行调度时,可以高效、灵活地使用时域资源。

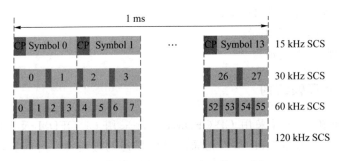

图 2-5-4　NR 的子帧与时隙

NR 的频域资源包括资源单元和资源块。资源单元(RE)是指,每一个天线端口上,一个 OFDM 符号上的一个子载波对应的一个单元;资源块(RB)是一个时隙中,频域上连续的 12 个 RE。

另外,NR 标准提出了一个新概念——BWP(Band Width Part),它是指网络侧给 UE 分配的一段连续的带宽资源,是 5G UE 接入 NR 网络的必备配置。因为 5G 带宽较大,为了减少手机端的功耗,设置了 BWP 的概念。BWP 是 UE 在整个 NR 频段中的某一段工作带宽,UE 在不同的阶段都需要获得相应的 BWP 作为工作的频段。不同 UE 可配置不同的 BWP;UE 的所有信道资源配置均在 BWP 内进行分配和调度。一个 UE 最多能配置四个 BWP。对同一个 UE 来说,DL 或 UL 同一时刻只能有一个 BWP 处于激活的状态,UE 在这个 BWP 上进行数据的收发和 PDCCH 检索。

根据配置场景,BWP 可分为以下几类。

① Initial BWP:UE 初始接入阶段使用的 BWP,通过系统消息获取。

② Dedicated BWP:UE 在 RRC 连接态配置的 BWP。协议规定,1 个 UE 最多可以通过 RRC 信令配置 4 个 Dedicated BWP。

③ Active BWP:UE 在 RRC 连接态某一时刻激活的 BWP,是 Dedicated BWP 中的 1 个,协议规定 UE 在 RRC 连接态某一时刻只能激活 1 个配置的 Dedicated BWP。

④ Default BWP:UE 在 RRC 连接态时,当其 BWP inactivity timer 超时后,UE 所工作的 BWP,也是 Dedicated BWP 中的 1 个,通过 RRC 信令指示 UE 哪一个配置的 Dedicated BWP 作为 Default BWP。

2.5.3　5G 空口信道

1. 逻辑信道

逻辑信道存在于 MAC(Medium Access Control)层和 RLC(Radio Link Control)层之间。根据传输数据的类型定义每个逻辑信道类型,一般分为控制信道和业务信道。控制信道包括 BCCH(广播控制信道)、PCCH(寻呼控制信道)、CCCH(公共控制信道)、DCCH(专用控制信道)。业务信道包括 DTCH(专用业务信道)。

2. 传输信道

传输信道存在于 MAC 层和 PHY 层之间,根据传输数据类型和空口上的数据传输方式进行定义,可以提供 MAC 和高层的传输业务信息。下行传输信道包括 BCH(广播信道)、DL-SCH(下行共享信道)、PCH(寻呼信道)。上行传输信道分为:UL-SCH(上行共享信道)、RACH(随机接入信道)。

3. 物理信道与信号

物理信道负责编码、调制、多天线处理以及从信号到合适物理时频资源的映射。基于映射关系,高层一个传输信道可以服务物理层一个或几个物理信道。下行物理信道分为 PBCH(物理广播信道)、PDCCH(物理下行控制信道)、PDSCH(物理下行共享信道)。上行物理信道分为 PUCCH(物理上行链路控制信道)、PUSCH(物理上行共享信道)、PRACH(物理随机接入信道)。5G 相对于 LTE,精简了 PCFICH、PHICH 等信道,PDSCH 增加了 1024QAM 调制方式。

PBCH 的调制方式采用 QPSK,用于系统消息 MIB 的广播,主要是通知 UE 在何处接收 RMSI 消息;RMSI(即 SIB1)用于广播初始 BWP 信息、初始 BWP 中的信道配置、TDD 小区的半静态配比以及其他 UE 接入网络的必要信息等。

PDCCH 的调制方式采用 QPSK,用于承载调度及传输格式、HARQ 信息等。

PDSCH 的调制方式有 QPSK、16QAM、64QAM、256QAM、1024QAM,用于承载用户专用数据。

PUCCH 的调制方式采用 QPSK,承载 ACK/NACK、SR、CSI-Report。

PUSCH 的调制方式有 QPSK、16QAM、64QAM、256QAM,用于承载用户专用数据。

PRACH 的调制方式采用 QPSK,用于承载随机接入前导。

5G 空中接口与 LTE 相比,上行增加了 PT-RS 参考信号,用于高频场景下的相位对齐。下行物理信号有 DMRS(上/下行解调参考信号)、PT-RS(上/下行相位跟踪参考信号)、CSI-RS(信道状态信息参考信号)、PSS(主同步信号)和 SSS(辅同步信号)。上行物理信号有 DMRS、PT-RS 和 SRS(测量参考信号)。

DMRS 用于数据解调、时频同步。

PT-RS 用于相位噪声跟踪及补偿。

CSI-RS 用于下行信道测量、波束管理及精细化时频同步。

SRS 用于上行信道测量、波束管理及精细化时频同步。

PSS/SSS 承载着同步信息,用于 UE 进行下行时钟同步,并获取小区的 Cell ID。与 LTE 相同,PSS 主同步信号有 3 种,序号为 0~2,不同的是,SSS 辅同步信号有 336 种,序号为 0~335。5G 小区 ID 的计算方式与 LTE 相同,取值 0~1 007,共 1 008 个。与 LTE 不同,PSS/

SSS 可以灵活配置,不需要配置在载波的中心频点处,可以配置在载波的任意位置。

PBCH 和 PSS/SSS 作为一个整体出现,统称为 SSB。在时域上,PBCH 和 PSS/SSS 共占用 4 个符号,在频域上,PBCH 和 PSS/SSS 一共占用 240 个子载波。

{课堂随笔}

【重点串联】

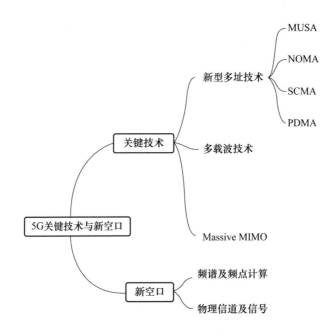

【基础训练】

1. 填空题

(1) 5G NR 包括了两大频谱范围(Frequency Range,FR),_____和_____。

(2) NOMA 在单基站、两用户场景下行链路中,基站采用叠加编码_____发送两个用户信号,但为不同信号分配不同的_____。

(3) SCMA 码本设计主要是两大部分:①_____;②_____。

(4) 5G NR 的 RRC 层与 LTE 相比,一个比较大的变化在于,_____状态。LTE 中只有 RRC IDLE 和 RRC CONNECTED 两种 RRC 状态,5G 新空口引入了一个新状态,_____。

(5) 5G 在空中接口引入 SDAP,在封装 IP 包时,增加数据包的_____。

2. 判断题

(1) 5G NR 包括了两大频谱范围 FR1 和 FR2。FR1 频段,称为毫米波频段;FR2 频段,也称为 6 GHz 以下频段。(   )

(2) C-band 为目前 5G 主要频段。(   )

(3) 频率越低,穿透性越强,传输距离越远。(   )

(4) 绝对频点号与频率值不一定是一一对应的关系。(   )

(5) 5G 用户面增加新的协议层 SDAP,完成流到无线承载的 QoS 映射,为每个报文打上流标识。(   )

(6) 5G NR 的 RRC 层与 LTE 相比,没有变化。(   )

(7) 在 5G 空口统一规定常规 CP 时,14 个符号为一个时隙。(   )

(8) 5G NR 只有 SDL,没有 SUL。(　　)

(9) MUSA 可以在相同的视频资源下支持数倍用户的接入。(　　)

(10) 功分多址 PDMA 以用户信息理论为基础,在发送端利用图样分割技术对用户信号进行合理分割,用户图样的设计只能在空域、码域和功率域独立进行。(　　)

3. 选择题

(1) 在 5G 技术中,用于提升接入用户数的技术是(　　)。

A. SOMA　　　　B. Massive CA　　　C. 1msTTI　　　D. Massive MIMO

(2) 5G 无线接入的关键技术主要包含(　　)。

A. 大规模天线阵列　B. 超密集组网　　C. 新型多载波　　D. 新型多址

(3) 下列哪种技术有利于支持 5G 的海量连接数?(　　)

A. Massive MIMO　B. 正交频分多址　　C. 非正交频分多址　D. 高阶调制

(4) 大规模 MIMO 天线的主要应用场景是(　　)。

A. 高负荷区域　　B. 高楼层区域　　C. 高干扰区域　　D. 上下行受限区域

(5) 用发射端的天线位置信息来携带用户比特,增加调制维度的方式,是哪种调制技术?(　　)

A. 正交幅度调制 QAM　　　　B. 频率正交幅度调制 FQAM

C. 空间调制 SM　　　　　　D. 移相键控 PSK

(6) 以下哪项关键技术能降低 5G 空口时延?(　　)

A. 正交幅度调制 QAM　　　　B. 全双工

C. Massive MIMO　　　　　　D. CRSFREE

(7) NOMA 中采用的关键技术主要有(　　)。

A. SIC 技术　　　B. 功率复用　　　C. SCMA　　　　D. PDMA

(8) (　　)是中国电信获得的 5G 频段。

A. 3.4 GHz～3.5 GHz 的 100 MHz 频谱资源

B. 4.8 GHz～4.9 GHz 的 100 MHz 频谱资源

C. 3.5 GHz～3.6 GHz 的 100 MHz 频谱资源

D. 以上都不是

(9) 当载波间隔是 30 kHz 时,一个子帧有(　　)个时隙。

A. 1 个时隙　　　　　　　　B. 2 个时隙

C. 4 个时隙　　　　　　　　D. 8 个时隙

(10) 根据配置场景,BWP 分为以下(　　)几类。

A. Initial BWP　　　　　　　B. Dedicated BWP

C. Active BWP　　　　　　　D. Default BWP

4. 问答题

(1) 请说明 5G NR 的两大频谱范围。

(2) 请说明中国运营商 5G 频段的使用情况。

(3) 5G 无线网络的关键技术有哪些?

(4) 5G 新型多址技术方案有哪些?

(5) FBMC 相对于 OFDM 的优势有哪些?

（6）SM 的基本原理是什么？

（7）Massive MIMO 的主要优势有哪些？

（8）请写出全双工技术自干扰消除步骤。

（9）实现超密集组网的关键技术有哪些？

（10）什么是 5G 的 BWP？

（11）5G 空中接口下行有哪些参考信号？它们分别有什么作用？

模块 3　5G 云化结构

【教学目标】

1. 知识目标

（1）了解 SDN 架构及协议；

（2）了解 NFV 架构及协议；

（3）了解 5G 云架构概念；

（4）掌握 5G 接入网网络架构；

（5）了解 5G 核心网网络架构；

（6）了解 5G 组网方式；

（7）熟悉 SA 及 NSA。

2. 技能目标

具备分析不同业务应用情况下网络部署方式的能力。

【课时建议】

6～12 课时

【基础知识】

项目 3.1　SDN

{问题引入}

1. 什么是 SDN？

2. SDN 的网络架构是如何定义的？

3. SDN 的网络接口有哪些？

4. SDN 网络的部署应用场景有哪些？

3.1.1　概述

ONF 在 2012 年 4 月发布白皮书 *Software-Define Networks*，将软件定义网络（Software

Defined Network，SDN)定义为一种新兴的、控制与转发分离并直接可编程的网络架构,其核心将传统网络设备紧耦合的网络架构解耦成应用、控制、转发三层分离的架构,通过标准化实现网络的集中管控和网络应用的可编程性。

传统网络是分布式控制的架构,每台设备都包含独立的控制平面、数据平面。这里的分布式控制指在传统 IP 网络中,用于协议计算的控制平面和报文转发的数据平面位于同一台设备中。路由计算和拓扑变化后,每台设备都要重新进行路由计算,并称为分布式控制过程。在传统 IP 网络中,每台设备都独立收集网络信息,独立计算,并且都只关心自己的选路。这种模型的弊端是所有设备在计算路径时缺乏统一性。

传统网络分为管理平面、控制平面和数据平面。

管理平面主要包括设备管理系统和业务管理系统,设备管理系统负责网络拓扑、设备接口、设备特性的管理,同时可以给设备下发配置脚本。业务管理系统用于对业务进行管理,比如业务性能监控、业务告警管理等。

控制平面负责网络控制,主要功能为协议处理与计算。比如,路由协议用于路由信息的计算、路由表的生成。

数据平面是指设备根据控制平面生成的指令完成用户业务的转发和处理。例如,路由器根据路由协议生成的路由表将接收的数据包从相应的出口转发出去。

因此,传统网络的局限性如下:

① 流量路径的灵活调整能力不足;

② 网络协议实现复杂,运维难度较大;

③ 网络新业务升级速度较慢。

传统网络通常部署网管系统作为管理平面,而控制平面和数据平面分布在每个设备上运行。

流量路径的调整需要通过在网元上配置流量策略来实现,但对大型网络的流量进行调整,不仅烦琐还很容易出现故障;当然也可以通过部署 TE 隧道来实现流量的调整,但由于 TE 隧道的复杂性,对维护人员的技能要求很高。

传统网络协议较复杂,有 IGP、BGP、MPLS、组播协议等,而且种类还在不断增加。

设备厂家除标准协议外都有一些私有协议扩展,不但设备操作命令繁多,而且不同厂家设备操作界面差异较大,运维复杂。

在传统网络中,由于设备的控制面是封闭式的,且不同厂家设备的实现机制可能有所不同,所以一种新功能的部署可能周期较长;另外,如果需要对设备软件进行升级,还需要在每台设备上进行操作,大大降低了工作效率。

SDN 是一种新型的网络架构,它的设计理念是将网络的控制平面与数据转发平面进行分离,从而通过集中的控制器中的软件平台去实现可编程化控制底层硬件,实现对网络资源灵活的按需调配。在 SDN 网络中,网络设备只负责单纯的数据转发,可以采用通用的硬件;而原来负责控制的操作系统将提炼为独立的网络操作系统,负责对不同业务特性进行适配,而且网络操作系统和业务特性以及硬件设备之间的通信都可以通过编程实现。

与传统网络相比,SDN 的基本特征有以下三点:

(1)转控分离:网元的控制平面在控制器上,负责协议计算,产生流表;而转发平面只在网络设备上。

(2)集中控制:设备网元通过控制器集中管理和下发流表,这样就不需要对设备进行逐一操作,只需对控制器进行配置即可。

(3) 开放接口:第三方应用只需要通过控制器提供的开放接口,通过编程方式定义一个新的网络功能,然后在控制器上运行即可。

SDN 控制器既不是网管,也不是规划工具。网管没有实现转控分离,网管只负责管理网络拓扑、监控设备告警和性能、下发配置脚本等操作,但这些仍然需要设备的控制平面负责产生转发表项。规划工具是为了下发一些规划表项,这些表项并非用于路由器转发,是一些为网元控制平面服务的参数,比如 IP 地址、VLAN 等。而控制器下发的表项是流表,用于转发器转发数据包。

SDN 是一种革命性的变化,它解决了传统网络中无法避免的一些问题,包括缺乏灵活性、对需求变化的响应速度缓慢、无法实现网络的虚拟化以及成本高昂等。在当前的网络架构下,网络运营商和企业无法快速提供新的业务,原因在于他们必须等待设备提供商以及标准化组织同意,并将新的功能纳入专有的运行环境中才能实现。很显然,这是一个漫长的等待过程,或许等到现有网络真正具备这一新的功能时,市场已经发生了很大变化。

有了 SDN,形势则发生了改变。网络运营商和企业可以通过自己编写的软件轻松地决定网络功能。SDN 可以让他们在灵活性、敏捷性以及虚拟化等方面更具主动性。SDN 可以使得网络运营商和企业通过普通的软件就能随时提供新的业务。通过 OpenFlow 的转发指令集将网络控制功能集中,网络可以被虚拟化,并被当成是一种逻辑上的资源,而非物理资源加以控制和管理。

SDN 通过消除应用和特定网络细节,比如,端口和地址之间的关联,使得人们无须花费时间和金钱重新编写应用和人工配置网络设备即可升级网络的物理平面。

长期以来,通过命令行接口进行人工配置,一直在阻碍网络向虚拟化迈进,并且它还导致运营成本高昂、网络升级时间较长无法满足业务需求、容易发生错误等问题。SDN 使得一般的编程人员在通用服务器的通用操作系统上,利用通用的软件就能定义网络功能,让网络可编程化。SDN 带来巨大的市场机遇,因为它可以满足不同的客户需求、提供高度定制化的解决方案。这就使网络运营建立在开放软件的基础上,不需要依靠设备提供商的特定硬件和软件就能增设新功能。

更为重要的是,某些网络功能的提供也变得异常简单,比如组播和负载均衡功能等。另外,拓扑结构的限制也将消失。比如,在传统数据中心中,由于树形拓扑导致的、占统治地位的东西(如流量)被限制的问题也将得到解决。

总的来说,SDN 所能提供的五大好处如下。

第一,SDN 为网络的使用、控制以及如何创收提供了更多的灵活性。

第二,SDN 加快了新业务引入的速度。网络运营商可以通过可控的软件部署相关功能,而不必像以前那样等待某个设备提供商在其专有设备中加入相应方案。

第三,SDN 降低了网络的运营费用,也降低了出错率,原因在于实现了网络的自动化部署和运维故障诊断,减少了网络的人工干预。

第四,SDN 有助于实现网络的虚拟化,从而实现网络的计算和存储资源的整合,最终使得只要通过一些简单的软件工具组合,就能实现对整个网络的控制和管理。

第五,SDN 让网络乃至所有 IT 系统更好地以业务目标为导向。

3.1.2 架构与接口

1. SDN 的基本架构

SDN 架构可以与上层业务紧密结合,快速响应网络和应用的创新,另外,控制的集中化能够实现网络资源的智能调度,简化运维,提高资源利用率。同时,通过标准化接口提供网络自动化开通和配置下发功能,可以大幅缩短业务开通时间。

5G 网络中引入 SDN 技术,能够快速实现控制与转发的分离、控制面的集中部署和转发资源的全局调度,通过可编程接口为后续 5G 网络的智慧化运维提供技术手段。SDN 的典型架构分为应用层、控制层、数据转发层(转发层)三个层面,如图 3-1-1 所示。

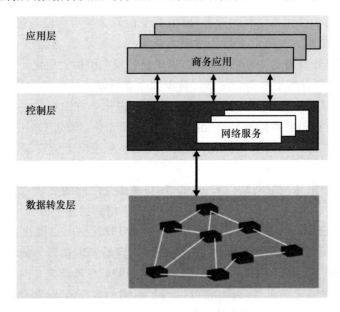

图 3-1-1 SDN 的典型架构

(1)应用层

应用层主要是体现用户意图的各种上层应用程序,此类应用程序称为协同层应用程序,典型的应用包括 OSS(Operation Support System,运营支撑系统)、Openstack 等。传统的 IP 网络同样具有转发平面、控制平面和管理平面,SDN 网络架构也同样包含这三个平面,只是传统的 IP 网络是分布式控制的,而 SDN 网络是集中控制的。

(2)控制层

控制层是系统的控制中心,负责网络的内部交换路径和边界业务路由的生成,并负责处理网络状态变化事件。

(3)转发层

转发层主要由转发器和连接器的线路构成基础转发网络,这一层负责执行用户数据的转发,转发过程中所需要的转发表项是由控制层生成的。

2. SDN 体系中的三大接口

在 SDN 的体系有三大重要接口,如图 3-1-2 所示,它们分别是北向接口、南向接口、东西向接口。

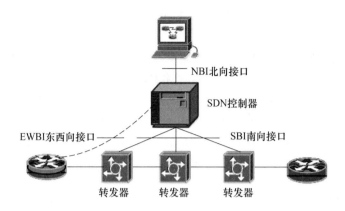

图 3-1-2　SDN 体系的接口

（1）北向接口

北向接口（NBI）是一个管理接口，与传统设备提供的管理接口形式和类型都是一样的，只是提供的接口内容有所不同。传统设备提供单个设备的业务管理接口，称为配置接口，而控制器提供的是网络业务管理接口。实现这种 NBI 的协议通常包括 RESTFUL 接口、Netconf 接口、CLI 接口等传统网络管理接口协议。

（2）南向接口

南向接口（SBI）主要用于控制器和转发器之间的数据交互，包括从设备收集拓扑信息、标签资源、统计信息、告警信息等，也包括控制器下发的控制信息，比如各种流表。目前主要的 SBI 控制协议包括 OpenFlow 协议、Netconf 协议、PCEP、BGP 等。控制器用这些接口协议作为转控分离协议。

（3）东西向接口

东西向接口（EWBI）用于 SDN 网络和其他网络进行互通，尤其是与传统网络进行互通。SDN 控制器必须和传统网络通过传统路由协议对接，需要 BGP（跨域路由协议）。也就是说，控制器要实现类似传统的各种跨域协议，以便能够和传统网络进行互通。

3. SDN 基本工作原理

SDN 的基本工作原理如图 3-1-3 所示。

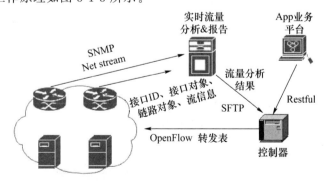

图 3-1-3　SDN 基本工作原理

SDN 的工作过程包括以下 3 个重要步骤。

① 网元资源信息收集。它包括转发器注册信息、MPLS 标签信息、VLAN 资源信息、接口资源等信息的收集。

② 拓扑信息收集。它包括节点对象信息、接口对象信息、链路对象（LLDP、IGP、BGP-LS）信息的收集。

③ SDN 网络内部路由的生成。通常控制器作为服务端，转发器主动向控制器发起控制协议建立，通过认证后，控制协议即建立连接。注册信息中的设备信息包括资源信息（接口、标签、VLAN 资源等）、设备厂家信息（设备类型信息和设备版本号以及设备 ID 信息）。控制器采集这些信息是为了根据这些信息来进行本地搜索和加载相应的驱动程序。网络拓扑是描述网络中节点和链路以及节点之间连接关系的信息。控制器收集拓扑信息的目的是为了根据网络资源，计算合理的路径信息，通过流表方式下发给转发器。

3.1.3 应用场景

针对网络的主要参与实体进行梳理后，SDN 应用场景主要聚焦在数据中心网络、数据中心间的互联、电信运营商网络。

1. SDN 在数据中心网络的应用

数据中心网络 SDN 化的需求主要表现在海量的虚拟租户、多路径转发、VM（虚拟机）的智能部署和迁移、网络集中自动化管理、绿色节能、数据中心能力开放等几个方面。

SDN 控制器控制逻辑集中的特点可充分满足网络集中自动化管理、多路径转发、绿色节能等方面的要求；SDN 网络能力开放化和虚拟化可充分满足数据中心能力开放、VM 智能部署和迁移，以及海量虚拟租户的需求。SDN 在数据中心网络的作用如图 3-1-4 所示。

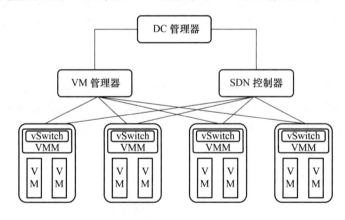

图 3-1-4　SDN 在数据中心网络的应用

数据中心的建设和维护一般统一由数据中心运营商或 ICP/ISP 维护，具有相对的封闭性，可统一规划、部署和升级改造，SDN 在其中部署的可行性高。数据中心网络是 SDN 目前最为明确的应用场景之一，也是最有前景的应用场景之一。

2. SDN 在数据中心互联的应用

数据中心之间的互联网具有流量大、突发性强、周期性强等特点，需要网络具备多路径转发与负载均衡、网络带宽按需提供、绿色节能、集中管理和控制的能力。图 3-1-5 所示为 SDN 技术在多数据中心互联场景下的应用架构图，引入 SDN 的网络可通过部署统一的控制器来收集各数据中心之间的流量需求，进而进行统一的计算和调度，实现带宽的灵活按需分配，最大程度优化网络、提升资源利用率，如图 3-1-5 所示。

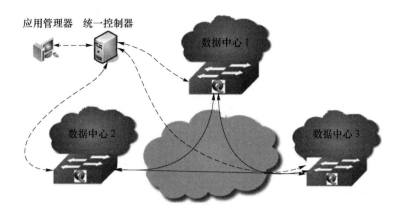

图 3-1-5　SDN 在多数据中心互联中的应用

目前 Google 已经在其数据中心之间应用了 SDN 技术,将数据中心之间的链路利用率提升至接近 100%,成效显著。

3. SDN 在电信运营商网络的应用

电信运营商网络包括宽带接入层、城域层、骨干层等层面。具体的网络还可分为有线网络和无线网络,网络存在多种方式,如传输网、数据网、交换网等。总的来说,电信运营商网络具有覆盖范围大、网络复杂、网络安全可靠性要求高、涉及的网络制式多、多厂商共存等特点。

SDN 的转发与控制分离,可有效实现设备的逐步融合,降低设备硬件成本;SDN 的控制逻辑集中,可逐步实现网络的集中化管理和全局优化,有效提升运营效率,提供端到端的网络服务;SDN 的网络能力虚拟化和开放化,也有利于电信运营商网络向智能化、开放化发展,发展更丰富的网络服务,增加收入。

例如:NTT 和德国电信都开始试验部署 SDN,其中 NTT 搭建了日本和美国的试验环境,实现网络过虚拟化,而德国电信在云数据中心、无线、固定等接入环境使用 SDN。

{课堂随笔}

项目 3.2　NFV

{问题引入}

1. 什么是 NFV 网络？
2. NFV 的网络架构是如何定义的？
3. NFV 和 SDN 与云计算有什么关系？
4. SDN/NFV 技术融合在 5G 的网络部署中有何作用？

3.2.1　概述

1. 什么是 NFV?

NFV(Network Functions Virtualization)网络功能虚拟化：通过借用 IT 的虚拟化技术，许多类型的网络设备可以并入工业界标准中，如 servers、switches 和 storage，可以部署在数据中心、网络节点或是用户家里。这需要网络功能以软件方式实现，并能在一系列的工业标准服务器硬件上运行，可以根据需要进行迁移、实例化，部署在网络的不同位置，而不需要安装新设备。

在 NFV 出现之前，设备的专业化很突出，具体设备都有其专门的功能实现，而之后设备的控制平面与具体设备进行分离，不同设备的控制平面基于虚拟机，虚拟机基于云操作系统，这样，当企业需要部署新业务时，只需要在开放的虚拟机平台上创建相应的虚拟机，然后在虚拟机上安装相应功能的软件包即可。这种方式我们叫作网络功能虚拟化。

2. NFV 的优势

网络虚拟化技术允许管理员将多个物理网络整合进更大的逻辑网络中。反之，一个物理网络也可以被划分为多个逻辑网络，或者在虚拟机之间创建纯软件的网络。因此，网络功能虚拟化具有以下优势：

第一，通过设备合并，借用 IT 的规模化经济，减少设备成本、能源开销。

第二，缩短网络运营的业务创新周期，提升投放市场的速度，极大地缩短运营商的网络成熟周期。

第三，网络设备可以多版本、多租户共存，且单一平台为不同的应用、用户、租户提供服务，允许运营商跨服务和跨不同客户群共享资源。

第四，基于地理位置、用户群精准引入服务，同时可以根据需要对服务进行快速扩张/收缩。

第五，更广泛、更多样的生态系统，将虚拟装置开放给纯软件开发者、小商户、学术界，鼓励更多的创新，引入新业务，更低的风险带来新的收入增长。

3. NFV 的技术挑战

组织策略和虚拟网络交换机挑战通常使虚拟化网络管理变得复杂。虚拟化管理员经常管理虚拟交换机，这可能会和网络管理员产生摩擦，因为网络管理员不再控制网络的某一部分

（主机内的部分）。此外，同一主机上的虚拟机之间的大量流量都在主机内部而不经过物理网络，这使得使用传统设备监控流量变得困难。总的来说，NFV 面临的技术挑战如下：

第一，虚拟网络装置运行在不同的硬件厂商、Hypervisor 上，要获取更高的性能。

第二，基于网络平台的硬件同时允许迁移到虚拟化的网络平台中，两者共存，共同使用运营商当前的 OSS/BSS。

第三，管理和组织诸多虚拟网络装置（尤其是管理系统），同时避免安全攻击和错误配置。

第四，保证一定级别硬件、软件的可靠性。

第五，集成不同运营商的虚拟装置（VA）。网络运营商需要能"混合和匹配"不同厂家的硬件、不同厂家的 Hypervisors、不同厂家的虚拟装置（VA），而没有巨大的集成成本，避免与厂家绑定。

3.2.2　NFV 架构

ETSI 标准组织提出的 NFV 架构如图 3-2-1 所示。NFV 体系架构主要包括基础设施（NFV Infrastructure，NFVI）、虚拟网络功能（Virtualized Network Function，VNF）、NFV 管理和编排（NFV Managemem and Orchestration，NFV MANO）三个核心工作域，各主要功能模块的具体说明如下。

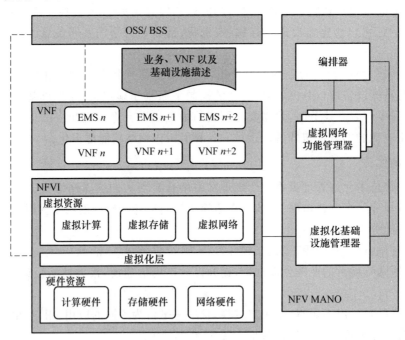

图 3-2-1　NFV 架构

1. 运营支撑系统及业务支撑系统

OSS/BSS 代表运营商各自的运营支撑系统与业务支撑系统。NFV MANO 执行资源调配取用的任务时，将参考 OSS 和 BSS 的角度来进行协调配置。

2. VNF 和 EMS

VNF（虚拟网络功能）：用软件形式来实现原本各类网络硬件所具备的功能，可被配置在一或多个的虚拟机上。

EMS(系统管理单元):负责 VNF 的操作与管理,通常每个 VNF 各自具备相对应的 EMS 对其进行操控。

3. 网络功能虚拟化基础建设

网络功能虚拟化基础建设(NFVI)主要包含虚拟资源(Virtualised Resources)、虚拟化层(Virtualisation Layer)、硬件资源(Hardware Resources)三个功能区块。

从云计算的角度看,NFVI 就是一个资源池。NFVI 映射到物理基础设施就是多个地理上分散的数据中心,通过高速通信网连接起来。NFVI 需要将物理计算/存储/交换资源通过虚拟化,转换为虚拟的计算/存储/交换资源池。

4. 编排器

编排器(Orchestrator)负责对上层软件资源进行编排和管理,这种编排能力可以根据业务的需求,调整各 VNF 所需资源的多少,是系统实现全自动化最为核心的环节。

5. 虚拟网络功能的管理者

虚拟网络功能的管理者(VNF Manager)负责 VNF 生命周期的管理。一个 VNF Manager 可以管理一个或多个 VNF。这里的管理是指提供包括部署/扩容/缩容/下线等自动化功能。

6. 虚拟化基础设施管理

虚拟化基础设施管理(Virtualised Infrastructure Managers)作为 NFVI 层的管理系统,负责对物理硬件虚拟化资源进行统一的管理、监控、优化,如 OpenStack。

3.2.3　5G 中 SDN/NFV 和云计算的关系

SDN/NFV 和云计算在未来 5G 中的关系,可以类比为"点""线""面"的关系。NFV 负责虚拟网元,形成"点";SDN 负责网络连接,形成"线";而所有这些网元和连接,都部署在虚拟化的云平台中,是云计算形成的"面"。

NFV 主要负责网络功能的软件化和虚拟化,并保持功能不变,软件化基于云计算平台的基础设施,虚拟化的目的是充分利用 IT 设备资源的低成本和灵活性,但同时,并非所有的网络功能都是需要被虚拟化的。对运营商来说,NFV 提供了一种更经济和灵活的建网方式,开放的产业链会有更多的供应商,软硬件的解耦会让更多软件供应商参与其中,运营商的选择面更大。但这并不意味着传统采购模式的开放化,虽然单个组件可以由不同的供应商交付,但是运营商需要维持整个系统的可用性和可维护性,因此交由一个集成方来负责整个售后工作是必要的,只是部分组件是由第三方供应商提供的。在具体部署方面,业界结合当前 4G 的发展,从 IMS 和 EPC 等业务出发,实现相关网络功能虚拟化,然后根据具体的需求和部署经验将其逐步推广到更多的领域。

SDN 技术追求的是网络控制和承载的分离,将传统分布式路由计算转变成集中计算、流表下发的方式,在网络抽象层面上,将基于分组的转发粒度转化为基于流的转发粒度,同时根据策略进行业务流处理。对运营商来说,他们更关注的是基于 SDN 技术的接口开放后,可以像互联网公司一样快速响应客户的需求。目前,电信运营商与互联网公司的竞争越来越激烈,

5G 必须要增强运营商的竞争力才能促进整个产业的发展。在具体部署方面,电信界普遍将 SDN 的切入点选择在云数据中心,IDC 的运营主体比较简单,运用 SDN 可以解决云平台网络资源池的性能和扩展性问题,制定多数据中心跨地域组网方案,优化数据中心节点间的流量调度,探索利用 SDN/NFV 技术提供面向云计算服务的网络增值业务。

云计算是 SDN/NFV 的载体和基础,SDN/NFV 所必需的弹性扩展、灵活配置以及自动化的管理都依赖基础云平台的能力。目前,业内对 SDN/NFV 的标准化关注度远远高于云平台,很多技术验证和试验都是在各自的"云"中单独进行的,这在以后的兼容性上可能会出现隐患。对运营商来说,未来云计算平台的可靠性是其主要关注点,电信运营商毕竟不同于互联网公司,现有的 OpenStack 能否满足 5G 网络如此高可靠性的要求存在疑问。在具体部署方面,云计算作为 SDN/NFV 的载体,除了传统的云数据中心外,EPS 和 IMS 系统由于网元部署相对集中,也被优先用于部署云计算/NFV。

3.2.4 SDN/NFV 与 5G 架构

5G 基础设施平台将更多地选择由基于通用硬件架构的数据中心来构成支持 5G 网络高性能的转发要求和电信级的管理要求,并以网络切片为实例,实现移动网络的定制化部署。

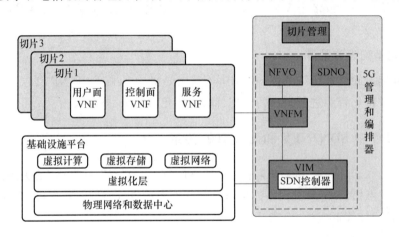

图 3-2-2 5G 网络平台视图

如图 3-2-2 所示,引入 SDN/NFV,5G 硬件平台支持虚拟化资源的动态配置和高效调试,在广域网层面,NFV 编排器可实现跨数据中心的功能部署和资源调试,SDN 控制器负责不同层级数据中心之间的广域互连。城域网以下可部署单个数据中心,中心内部使用统一的 NFVI 基础设施层,实现软硬件解耦,利用 SDN 控制器实现数据中心内部的资源调度。

SDN/NFV 技术在接入网平台的应用是业界聚焦的重要研究方向。利用平台虚拟化技术,可以在同一基站平台上同时承载多个不同类型的无线接入方案,并能完成接入网逻辑实体实时动态的功能迁移和资源伸缩。利用网络虚拟化技术,可以实现 RAN 内部各功能实体的动态无缝连接,便于配置客户所需的接入网边缘业务模式。另外,针对 RAN 侧加速器资源配置和虚拟化平台间调整大带宽信息交互能力的特殊要求,虚拟化管理与编排技术需要进行相应的扩展。

SDN/NFV 技术融合将提升 5G 进一步组大网的能力:NFV 技术实现底层物理资源到虚

拟资源的映射,构造虚拟机(VM),加载网络逻辑功能(VNF);虚拟化系统实现对虚拟化基础设施平台的统一管理和资源的动态重配;SDN 技术则实现虚拟机间的逻辑连接,构建承载信令和数据流的通路。最终实现接入网和核心网功能单元的动态连接,配置端到端的业务链,实现灵活组网。

如图 3-2-3 所示,一般来说,5G 组网功能元素可以分为四个层次:

中心级:以控制管理和调度职能为核心,例如虚拟化功能编排、广域数据中心互连和BOSS 系统等,可按需部署于全国节点,实现网络总体的监控和维护。

汇聚级:主要包括控制面网络功能,例如移动性管理、会话管理、用户数据和策略等,可按需部署于省份一级网络。

边缘级:主要功能包括数据面网关功能,重点承载业务数据流,可部署于地市一级。移动边缘计算功能、业务链功能和部分控制面网络功能也可以下沉到这一级。

接入级:包含无线接入网的 CU 和 DU 功能,CU 可部署在回传网络的接入层或者汇聚层,DU 部署在用户近端。CU 和 DU 间通过增强的低时延传输网络实现多点协作化功能,支持分离或一体化站点的灵活组网。

借助模块化的功能设计和高效的 SDN/NFV 平台,在 5G 组网实现中,上述组网功能元素部署位置无须与实际地理位置严格绑定,而可以根据每个运营商的网络规划、业务需求、流量优化、用户体验和传输成本等因素综合考虑,对不同层级的功能加以灵活整合,实现多数据中心和跨地理区域的功能部署。

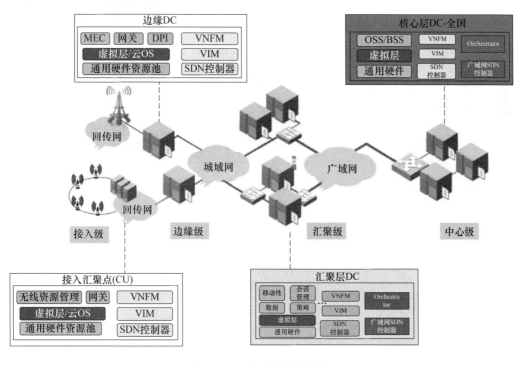

图 3-2-3　5G 网络组网视图

{课堂随笔}

项目 3.3　5G 的三朵云

1. 什么是 5G 的三朵云？
2. 5G 接入云功能有哪些？

为了应对 5G 的需求场景，并满足网络及业务发展需求，未来的 5G 网络将更加灵活、智能、融合和开放。5G 目标网络逻辑架构简称"三朵云"网络架构，包括接入云、控制云和转发云三个逻辑域，如图 3-3-1 所示。

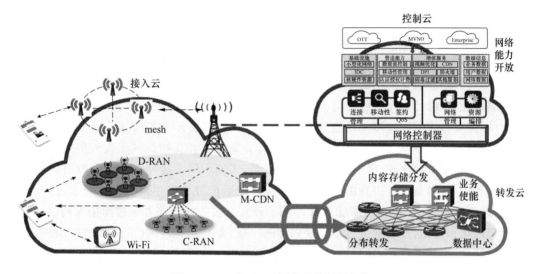

图 3-3-1　三朵云 5G 网络总体逻辑架构

"三朵云"5G 网络将是一个可依业务场景灵活部署的融合网络。控制云完成全局的策略控制、会话管理、移动性管理、信息管理等，并支持面向业务的网络能力开放功能，实现定制网络与服务，满足不同新业务的差异化需求，并扩展新的网络服务能力。接入云支持用户在多种应用场景和业务需求下的智能无线接入，并实现多种无线接入技术的高效融合，无线组网可基于不同部署条件要求，进行灵活组网，并提供边缘计算能力。转发云配合接入云和控制云，实现业务汇聚转发功能，基于不同新业务的带宽和时延等需求，转发云在控制云的路径管理与资源调度下，实现增强移动宽带、海量连接、高可靠和低时延等不同业务数据流的高效转发与传输，保证业务端到端的质量要求。"三朵云"5G 网络架构由控制云、接入云和转发云共同组成，不可分割，协同配合，并可基于 SDN/NFV 技术实现。

控制云在逻辑上作为 5G 网络的集中控制核心，控制接入云与转发云。控制云由多个虚拟化网络控制功能模块组成，具体包括接入控制管理模块、移动性管理模块、策略管理模块、用户信息管理模块、路径管理/SDN 控制器模块、安全模块、切片选择模块、传统网元适配模块、网络能力开放模块，以及对应的网络资源编排模块等。这些功能模块从逻辑功能上可类比于之前移动网络的控制网元，完成移动通信过程和业务控制。在实现过程中，控制云以虚拟化技术为基础,通过模块化技术重新优化网络功能之间的关系,实现了网络控制与承载分离、网络切片化和网络组件功能服务化等,整个架构可以根据业务场景进行定制化裁剪和灵活部署。

网络能力开放模块是 5G 网络对外开放的核心。5G 网络的模块化和切片技术、网络控制的集中化、数据资源的集中化,带来了网络开放的便捷性。5G 网络能力开放模块汇聚整合网络模块组件的开放能力,形成网络级别的开放能力,统一对外提供能力开放。

网络资源编排模块是 5G 网络虚拟化资源管理和控制的核心,其包含三个层次的子模块:编排器、VNFM 和 VIM。该模块提供了虚拟化环境下 5G 网络可管、可控、可运营的服务提供环境,使得基础资源可以便捷地提供给 5G 网络应用。

在未来的移动通信系统中,多种制式无线接入系统将长期共存。鉴于多样化的业务特征,需要结合业务需求、网络状态以及用户喜好和终端能力等因素,进行差异化的数据传输和承载,包括灵活调度与分配、分流与聚合等,实现系统资源利用和业务质量保证的良好均衡。5G 接入云将是一个多拓扑形态、多层次类型、动态变化的网络,可针对各种业务场景选择集中式、分布式和分层式部署,可通过灵活的无线接入技术,实现高速率接入和无缝切换,提供极致的用户体验。5G 无线网络部署需综合考虑业务应用属性、网络功能特性、网络环境条件等多重因素,将所选择的网络功能在 5G 无线网络物理节点进行合理部署。

5G 接入云功能需求包括新型无线接入技术、灵活资源协同管理、跨制式系统深度融合、无线网络虚拟化、边缘计算与无线能力开放等。为了实现 5G 网络场景和业务应用所提出的高性能指标,需要考虑引入新型无线接入技术,具体包括大规模天线阵列、新型多址技术、全频谱接入等,5G 接入云对所述新型无线接入技术进行有效管控和支撑。基于接入集中控制模块,5G 网络可以构建一种快速、灵活、高效的协同机制,实现不同无线接入系统的融合,提升移动网络资源利用率,进而大大提升用户体验。未来移动通信将是以用户为中心的全方位信息生态系统,通信技术与 IT 技术的深度结合,将 IT 计算与服务能力部署于移动接入网络边缘,逐步实现虚拟化和云化,进而提供与环境紧耦合的高效、差异化、多样化的移动宽带用户服务体验;同时,结合 IT 技术优势,通过构建一个标准化的开放式边缘计算平台,将无线网络信息和控制能力开放出去,形成全新的价值链条,开启全新的服务类别和提供丰富的用户业务。

5G 网络实现了核心网控制面与数据面的彻底分离,转发云聚焦于数据流的高速转发与处理。逻辑上,转发云包括单纯高速转发单元以及各种业务使能单元。传统网络中,业务使能网元在网关之后呈链状部署,如果想对业务链进行改善,则需要在网络中增加额外的业务链控制功能或者增强控制网元。在 5G 网络的转发云中,业务使能单元与转发单元呈网状部署,一同接受控制云的路径管理控制,根据控制云的集中控制,基于用户业务需求,通过软件定义业务流转发路径,实现转发网元与业务使能网元的灵活选择。

除此之外,转发云可以根据控制云下发的缓存策略实现热点内容的缓存,从而减少业务时延、减少移动网出口流量和改善用户体验。为了提升转发云的数据处理和转发效率等,转发云需要周期或非周期地将网络状态信息上报给控制云进行集中优化控制。考虑到控制云与转发云之间的传播时延,某些对时延要求严格的事件需要转发云本地进行处理。

{课堂随笔}

项目 3.4　5G 接入网结构

{问题引入}

1. 5G 接入网包含哪些主要网元?

2. 5G 接入网的网络架构是如何描述的?

3. 5G 接入网接口及功能有哪些?

3.4.1　NG-RAN 架构

3GPP 定义了新型无线接入网络 NG-RAN,包含两种接入节点:gNB,即提供 5G 控制面和用户面服务的 5G 基站;NG-eNB,为用户提供 LTE/E-UTRAN 服务的基站。gNB 和 NG-eNB 间通过 Xn 接口进行连接,gNB 和 NG-eNB 通过 NG 接口与核心网(5GC)连接。5G gNB 可进一步划分为 CU(集中单元)和 DU(分布式单元),提供低成本部署,支持负载管理、实时性能优化的协作。

NG-RAN 架构如图 3-4-1 所示,NG-RAN 由一组通过 NG 接口连接到 5GC 的 gNB 组成。gNB 可以支持 FDD 模式、TDD 模式或双模式。gNB 可以通过 Xn 接口互连。gNB 可以由 gNB-CU 和一个或多个 gNB-DU 组成。gNB-CU 和 gNB-DU 通过 F1 接口连接。一个 gNB-DU 仅连接到一个 gNB-CU。为了弹性规划,通常可以将 gNB-DU 连接到多个 gNB-CU。NG、Xn 和 F1 均是逻辑接口。

对于 NG-RAN,由 gNB-CU 和 gNB-DU 组成的 gNB 的 NG 和 Xn 接口终止于 gNB-CU。对于 EN-DC,由 gNB-CU 和 gNB-DU 组成的 gNB 的 S1-U 和 X2 接口终止于 gNB-CU。gNB-CU 和连接的 gNB-DU 仅对其他 gNB 可见,而 5G 系统仅作为 gNB 可见。

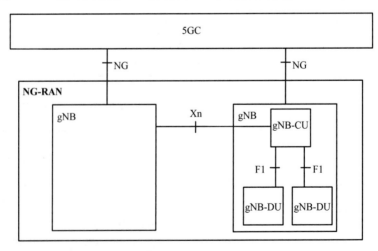

图 3-4-1　NG-RAN 架构

gNB 的主要功能包括:无线承载控制,无线接纳控制,连接移动性控制,在上行链路和下行链路中向 UE 的动态资源分配(调度);IP 报头压缩、加密和数据完整性保护;当不能从 UE

提供的信息确定到 AMF 的路由时,在 UE 附着处选择 AMF;用户面数据向 UPF 的路由;控制面信息向 AMF 的路由;连接设置和释放;调度和传输寻呼消息;调度和传输系统广播信息(源自 AMF 或 O&M);用于移动性和调度的测量和测量报告配置;上行链路中的传输级别数据包标记;会话管理;支持网络切片;QoS 流量管理和映射到数据无线承载;支持处于 RRC_INACTIVE 状态的 UE;NAS 消息的分发;无线接入网共享;双连接;NR 和 E-UTRAN 之间的紧密互通。

NG-RAN 和 5GC 的功能划分如图 3-4-2 所示。

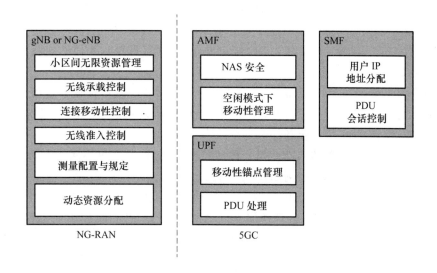

图 3-4-2 NG-RAN 和 5GC 的功能划分

3.4.2 NG-RAN 接口

承载 NR PDCP 的用户平面部分的节点(例如,gNB-CU、gNB-CU-UP,以及 EN-DC、MeNB 或 SgNB)将执行用户不活动监视,并进一步通知其不活动或(重新)激活到具有朝向核心网络的 C 平面连接的节点。NG-RAN 分为无线网络层(RNL)和传输网络层(TNL)。

1. NG 接口

NG 接口是无线接入网和 5G 核心网之间的接口,是一个逻辑接口,NG-RAN 节点与不同制造商提供的 AMF 的互连;同时,分离 NG 接口的无线网络功能和传输网络功能,以便于引入未来的技术。

NG 接口主要可实现以下功能。

(1)寻呼功能:支持向寻呼区域中涉及的 NG-RAN 节点发送寻呼请求,例如 UE 注册的 TA 的 NG-RAN 节点。

(2)UE 上下文管理功能:UE 上下文管理功能允许 AMF 在 AMF 和 NG-RAN 节点中建立、修改或释放 UE 上下文,例如,以支持 NG 上的用户个体信令。

(3)移动管理功能:ECM-CONNECTED 中 UE 的移动性功能包括用于支持 NG-RAN 内的移动性的系统内切换功能和用于支持来自/到 EPS 系统的移动性的系统间切换功能。它包括通过 NG 接口准备、执行和完成切换。

（4）PDU 会话管理功能：一旦 UE 上下文在 NG-RAN 节点中可用，PDU 会话功能负责建立、修改和释放所涉及的 PDU 会话 NGRAN 资源以用于用户数据传输。

（5）NAS 传输功能：NAS 信令传输功能提供通过 NG 接口传输或重新路由特定 UE 的 NAS 消息（例如，用于 NAS 移动性管理）的手段。

（6）NAS 节点选择功能：5G 系统架构支持 NG-RAN 节点与多个 AMF 的互连。因此，NAS 节点选择功能位于 NG-RAN 节点中，以基于 UE 的临时标识符确定 UE 的 AMF 关联，该临时标识符由 AMF 分配给 UE。当 UE 的临时标识符尚未被分配或不再有效时，NG-RAN 节点可以改为考虑切片信息以确定 AMF。此功能位于 NG-RAN 节点中，可通过 NG 接口进行正确路由。在 NG 上，没有特定的过程对应于 NAS 节点选择功能。

（7）NG 接口管理功能：确保定义 NG 接口操作的开始（重置），处理不同版本的应用流程部分实现和协议错误（错误指示）。

（8）警告信息传输功能：警告消息传输功能提供通过 NG 接口传输警告消息或取消正在进行的警告消息广播的方法。它还使 NG-RAN 能够通知 AMF 一个或多个区域正在进行的 PWS 操作失败，或者 CBC 可以重新加载一个或多个区域。

（9）配置传输功能：配置传输功能是一种通用机制，允许通过核心网络在两个 RAN 节点之间请求和传输 RAN 配置信息（例如，SON 信息）。

（10）跟踪功能：Trace 功能提供了控制 NG-RAN 节点中跟踪会话的方法。

（11）AMF 管理功能：AMF 管理功能支持 AM 23 计划删除和 AMF 自动恢复。

（12）多个 TNL 关联支持功能：当 NG-RAN 节点和 AMF 之间存在多个 TNL 关联时，NG-RAN 节点基于从 AMF 接收的每个 TNL 关联的使用和权重因子来选择用于 NGAP 信令的 TNL 关联。

（13）AMF 负载平衡功能：NG 接口支持 AMF 指示其对 NG-RAN 节点的相对容量，以便在池区域内实现负载均衡的 AMF。

（14）位置报告功能：该功能使 AMF 能够请求 NG-RAN 节点报告 UE 的当前位置，或 UE 的最后已知位置以及时间戳，或 UE 在配置的感兴趣区域中的存在。

（15）AMF 重新分配功能：该功能允许将 NG-RAN 节点发出的初始连接请求从初始 AMF 重定向到由 5GC 选择的目标 AMF。在这种情况下，NG-RAN 节点在一个 NG 接口实例上发起初始 UE 消息过程，并且接收第一下行链路消息以通过不同的 NG 接口实例关闭 UE 相关的逻辑连接。

（16）UE 无线管理功能：UE 无线管理功能与 UE 无线功能处理有关。

（17）NRPPa 信令传输功能：NRPPa（NR 定位协议 A）信令传输功能提供了通过 NG 接口透明地传输 NRPPa 消息的手段。

（18）过载控制功能：过载功能提供了启用 AMF 控制 NG-RAN 节点正在生成的负载的方法。

（19）辅助 RAT 数据量报告功能：辅助 RAT 数据量的报告功能使 NG-RAN 节点能够在 MR-DC 的情况下报告辅助 RAT 使用数据信息，具有专用流程或在其他消息中包含辅助 RAT 使用数据信息。

NG 接口分为 NG-C 接口（NG-RAN 和 5GC 之间的控制面接口）和 NG-U 接口（NG-RAN 和 5GC 之间的用户面接口）。从任何一个 NG-RAN 节点到 5GC 可能存在多个 NG-C 逻辑接口。通过 NAS 节点选择功能确定 NG-C 接口的选择。从任何一个 NG-RAN 节点到 5GC 可能存在多个 NG-U 逻辑接口。NG-U 接口的选择在 5GC 内完成,并由 AMF 发信号通知 NG-RAN 节点。

NG-U(NG 用户面接口)协议栈如图 3-4-3 所示。NG-U 在 NG-RAN 节点和 UPF 之间提供无保证的用户面 PDU 传送。

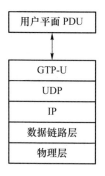

图 3-4-3　NG-U 协议栈

NG-C(NG 控制面接口)协议栈如图 3-4-4 所示。NG-C 在 NG-RAN 节点和 AMF 之间定义。传输网络层建立在 IP 传输之上。为了可靠地传输信令消息,在 IP 之上添加 SCTP。应用层信令协议称为 NG-AP(NG 应用协议)。SCTP 层提供有保证的应用层消息传递。在传输中,IP 层点对点传输用于传递信令 PDU。

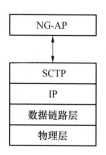

图 3-4-4　NG-C 协议栈

2. Xn 接口

Xn 接口是两个 NG-RAN 节点(gNB 或 NG-eNB)之间的网络接口。Xn 接口是开放的,支持两个 NG-RAN 节点之间的信令信息交换,以及 PDU 到各个隧道端点的转发。即使在两个 NG-RAN 节点之间没有直接的物理连接的情况下,点对点逻辑接口也应该是可行的。Xn 接口支持 NG-RAN 内部移动的流程,支持 NG-RAN 节点之间双连接的流程,包含 Xn-U(用户面接口)和 Xn-C(控制面接口)。

Xn-U(Xn 用户面协议栈)如图 3-4-5 所示。传输网络层建立在 IP 传输上,GTP-U 用于 UDP / IP 之上以承载用户面 PDU。

(1) Xn-U 主要有以下功能。

① 数据传输功能:允许在 NG-RAN 节点之间传输数据以支持双连接或移动性操作。

② 流量控制功能:使 NG-RAN 节口能够从第二 NG-RAN 节点接收用户平面数据,以提供与数据流相关的反馈信息。

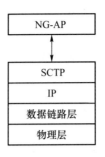

图 3-4-5　Xn-U 协议栈

Xn-C(Xn 信令承载协议栈)如图 3-4-6 所示。传输网络层建立在 IP 传输上,GTP-U 用于 UDP / IP 之上以承载用户面 PDU。

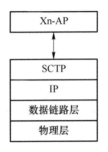

图 3-4-6　Xn-C 协议栈

(2) Xn-C 主要有以下功能。

① Xn-C 接口管理和错误处理功能:a. Xn 设置功能,允许在两个 NG-RAN 节点之间初始设置 Xn 接口,包括交换应用级数据;b. 错误指示功能,允许在应用流程级别报告一般错误情况;c. Xn 复位功能,允许 NG-RAN 节点通知第二 NG-RAN 节点它已从异常故障中恢复,并且所有或一些与第一节点相关并存储在第二节点中的上下文(除了应用级数据)应删除,并释放相关资源;d. Xn 配置数据更新功能,允许两个 NG-RAN 节点随时更新应用流程级数据;e. Xn 删除功能,允许两个 NG-RAN 节点删除相应的 Xn 接口。

② Xn-C 接口 UE 移动管理功能:a. 切换准备功能,允许在源 NG-RAN 节点和目标 NG-RAN 节点之间交换信息,以便启动某个 UE 到目标;b. 切换取消功能,允许通知已准备好的目标 NG-RAN 节点,不会进行准备好的切换,它允许释放准备期间分配的资源;c. 支持检索 UE 上下文功能;d. RAN 寻呼功能,允许 NG-RAN 节点为处于非活动状态的 UE 启动寻呼;e. 转发控制功能,允许在源和目标 NG-RAN 节点之间建立和释放传输承载以进行数据转发控制。

{课堂随笔}

项目 3.5　5G 核心网结构

{问题引入}

1. 5G 核心网包含哪些主要网元?
2. 5G 核心网的网络架构是如何描述的?
3. 5G 核心网接口及功能有哪些?

3.5.1　NGC 架构

5G 系统架构支持数据连接和服务,使部署能够使用诸如网络功能虚拟化和软件定义网络之类的技术。5G 架构基于服务,网络功能之间的交互以两种方式表示。

非漫游情况下的 5G 系统架构如图 3-5-1 所示。

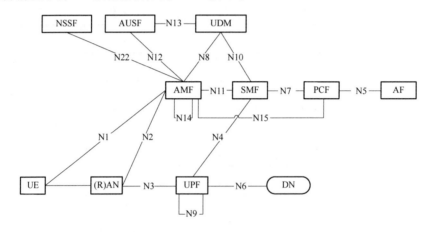

图 3-5-1　非漫游情况的 5G 系统架构

漫游情况下的 5G 系统架构如图 3-5-2 所示。

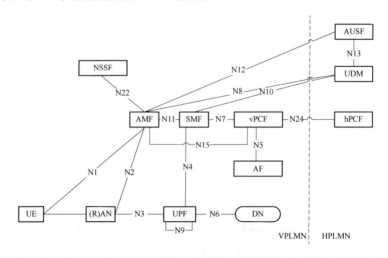

图 3-5-2　漫游情况的 5G 系统架构

3.5.2　网络功能实体

1. 网络功能实体描述

根据 3GPP 协议描述可知,5G 系统架构主要由以下网络功能组成。

① 认证服务器功能(AUSF);

② 接入和移动管理功能(AMF);

③ 数据网络(DN),例如运营商服务、互联网接入或第三方服务;

④ 非结构化数据存储功能(UDSF);

⑤ 网络开放功能(NEF);

⑥ 网络存储库功能(NRF);

⑦ 网络切片选择功能(NSSF);

⑧ 控制策略功能(PCF);

⑨ 会话管理功能(SMF);

⑩ 统一数据管理(UDM);

⑪ 统一数据存储库(UDR);

⑫ 用户平面功能(UPF);

⑬ 应用功能(AF);

⑭ 用户设备(UE);

⑮ (无线)接入网络[(R)AN]。

2. 接口

5G 系统架构主要有以下接口。

N1:UE 和 AMF 之间的接口。

N2:(R)AN 和 AMF 之间的接口。

N3:(R)AN 和 UPF 之间的接口。

N4:SMF 和 UPF 之间的接口。

N6:UPF 和数据网络之间的接口。

N9:两个 UPF 之间的接口。

以下接口显示了 NF 中 NF 服务之间存在的相互作用。这些接口通过相应的基于 NF 服务的接口并指定所识别的消费者和生产者 NF 服务以及它们的交互来实现,以便实现特定的系统过程。

N5:PCF 和 AF 之间的接口。

N7:SMF 和 PCF 之间的接口。

N8:UDM 和 AMF 之间的接口。

N10:UDM 和 SMF 之间的接口。

N11:AMF 和 SMF 之间的接口。

N12:AMF 和 AUSF 之间的接口。

N13:UDM 和认证服务器之间的接口,用于 AUSF。

N14:两个 AMF 之间的接口。

N15:在非漫游场景的情况下 PCF 和 AMF 之间的接口,在访问网络中的 PCF 和在漫游场景的情况下的 AMF。

N16：两个 SMF 之间的接口（在访问网络中的 SMF 和归属网络中的 SMF 之间漫游的情况下）。

N17：AMF 和 5G-EIR 之间的接口。

N18：任何 NF 和 UDSF 之间的接口。

N22：AMF 和 NSSF 之间的接口。

N23：PCF 和 NWDAF 之间的接口。

N24：访问网络中的 PCF 与归属网络中的 PCF 之间的接口。

{课堂随笔}

_____

_____

_____

_____

_____

_____

_____

_____

_____

_____

_____

_____

_____

_____

_____

_____

_____

_____

项目 3.6 5G 组网技术

{问题引入}

1. 5G 组网形式有哪些?

2. 5G 组网各形式的网络架构是什么样的?

3. 5G 组网各种形式的优缺点是什么?

3.6.1 5G 组网形式

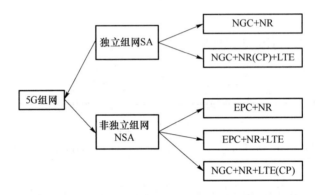

图 3-6-1 5G 组网形式

5G 组网形式如图 3-6-1 所示,分为独立组网(SA)和非独立组网(NSA)两种。总的来说,5G 组网形式共有 8 个选项,从选项 1 到选项 8。这 8 个选项分为独立组网和非独立组网两组。其中,选项 1、选项 2、选项 5、选项 6 是独立组网,选项 3、选项 4、选项 7、选项 8 是非独立组网。非独立组网的选项 3、选项 4、选项 7 还有不同的子选项。在这些选项中,选项 1 已在 4G 结构中实现,选项 6 和选项 8 仅是理论存在的部署场景,不具有实际部署价值,因此不在此赘述。

3.6.2 独立组网 SA

选项 2 的结构如图 3-6-2 所示,是独立的组网结构,gNB 直接连接到核心网 NGC,支持所有的 5G 应用。

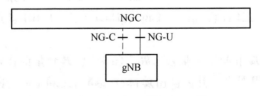

图 3-6-2 选项 2

(1)选项 2 的优点如下:

① 一步到位引入 5G 基站和 5G 核心网,不依赖现有 4G 网络,演进路径最短;

② 全新的 5G 基站和 5G 核心网,能够支持 5G 网络引入的所有新功能和新业务。

(2) 选项 2 的不足如下:

① 5G 频点相对 LTE 较高,初期部署难以实现连续覆盖,存在大量的 5G 与 4G 系统间的切换,用户体验不好;

② 初期部署成本相对较高,无法有效利用现有 4G 基站资源。

选项 5 如图 3-6-3 所示,LTE 系统的 eNB 连接至 5G 的核心网 NGC。

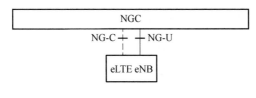

图 3-6-3　选项 5

选项 5 其实是把 4G 基站升级增强之后连到 5G 核心网,本质上还是 4G。但新建了 5G 核心网之后,原先的 4G 核心网慢慢退服,一定会出现 4G 基站连接 5G 核心网的需求,因此是未来会出现的架构。但是,改造后的增强型 4G 基站跟 5G 基站相比,在峰值速率、时延、容量等方面依然有明显差别。增强型 4G 基站不一定都能支持后续的优化和演进。因此,选项 5 架构的前景不容乐观。

总之,5G 可能的独立组网方案只有选项 2 和选项 5,其中选项 2 是 5G 网络的终极架构。

3.6.3　非独立组网 NSA

1. 选项 3

选项 3 包含三种模式,即选项 3、选项 3a 和选项 3x,如图 3-6-4 所示,先演进无线接入网,而保持 LTE 系统核心网不动,即 eNB 和 gNB 都连接至 EPC。先演进无线网络可以有效降低初期的部署成本。

选项 3:所有的控制面信令都经由 eNB 转发,eNB 将数据分流给 gNB。

选项 3a:所有的控制面信令都经由 eNB 转发,EPC 将数据分流至 gNB。

选项 3x:所有的控制面信令都经由 eNB 转发,gNB 可将数据分流至 eNB。

选项 3 的数据分流控制点在 4G 基站上,也就是说,4G 不但要负责控制管理,还要负责把从核心网下来的数据分为两路,一路自己发给手机,另一路分流到 5G 去发给手机。因此,4G 基站必须花大力气进行软件升级才能具备这样的能力。

选项 3a 做了一些改进,把数据分流控制点放了 4G 核心网上,由核心网向 4G 和 5G 基站分发用户面数据。虽说这样比选项 3 好得多,但 4G 核心网也要大大升级才行。

选项 3x 则把数据分流控制点放了 5G 基站上。这样一来,选项 3x 避免了对已经在运行的 4G 基站和 4G 核心网做过多的改动,又利用了 5G 基站速度快、能力强的优势,因此得到了业界的广泛青睐,成为 5G 非独立组网部署的首选。

(1) 选项 3 系列主要有以下优点:

① 标准化完成时间最早,有利于市场宣传;

② 对 5G 的覆盖没有要求,支持双连接来进行分流,用户体验好;

③ 网络改动小,建网速度快,投资相对少。

（2）当然选项 3 系列也存在不足之处，比如：

① 5G 基站跟现有 4G 基站必须搭配干活，需要来自同一个厂商，灵活性低；

② 无法支持 5G 核心网引入的相关新功能和新业务。

而 5G 商用初期热点覆盖，能够实现 5G 的快速商用，因此推荐使用选项 3x。

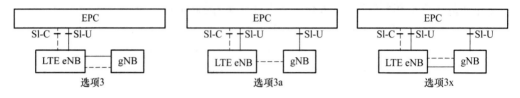

图 3-6-4　选项 3、选项 3a 和选项 3x

2. 选项 4

选项 4 同时引入了 NGC 和 gNB，但是 gNB 没有直接替代 eNB，核心网采用 5G 的 NGC，eNB 和 gNB 都连接至 NGC。选项 4 包含两种模式，即选项 4 和选项 4a，如图 3-6-5 所示。

选项 4 所有的控制面信令都经由 gNB 转发，gNB 将数据分流给 eNB 选项 4a，所有的控制面信令都经由 gNB 转发。与选项 3 不同，NGC 将数据分流至 eNB，此场景以 gNB 为主基站。LTE eNB 与 NR gNB 采用双链接的形式为用户提供高数据速率服务。LTE 网络可以保证广覆盖，而 5G 系统能部署在热点区域提高系统容量和吞吐率。

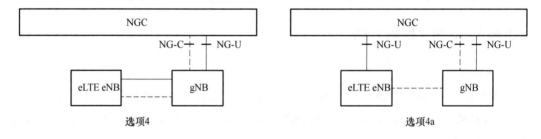

图 3-6-5　选项 4 和选项 4a

在选项 4 系列中，可以看到 5G 彻彻底底地成了主角。核心网早已切换为 5G 核心网，5G 基站也成了控制面锚点。选项 4 系列分为选项 4 和选项 4a。从之前选项 4 和选项 4a 的结构图可以看出，它们的区别仅在于数据分流控制点是在 5G 基站还是 5G 核心网，这两者都是新网元，不涉及旧设备的升级改造，因此都是可以被接受的。其中选项 4 所有的控制面信令都经由 5G 基站的 gNB 转发，gNB 将数据分流给 eNB。选项 4a 所有的控制面信令都经由 gNB 转发，5G 核心网 NGC 将数据分流至 eNB，此场景以 gNB 为主基站。在 5G 部署的中后期，5G 已经实现连续覆盖，因此建议使用选项 4。

（1）选项 4 系列的优点如下：

① 支持 5G 和 4G 双连接，带来流量增益，用户体验好；

② 引入 5G 核心网，支持 5G 新功能和新业务。

（2）选项 4 系列的不足之处如下：

① 增强型 4G 基站的部署需要的改造工作量较大；

② 产业成熟时间可能会相对较晚；

③ 5G 基站跟增强型 4G 基站必须搭配干活，需要来自同一个厂商，灵活性低。

3. 选项 7

选项 7 包含三种模式:选项 7、选项 7a 和选项 7x。选项 7、选项 7a、选项 7x 的结构如图 3-6-6 所示,三者同时部署了 gNB 和 NGC,但选项 7 以 eLTE eNB 为主基站。所有的控制面信令都经由 eNB 转发,LTE eNB 与 NR gNB 采用双链接的形式为用户提供高数据速率服务。

选项 7:所有的控制面信令都经由 eNB 转发,eNB 将数据分流给 gNB。

选项 7a:所有的控制面信令都经由 eNB 转发,NGC 将数据分流至 gNB。

选项 7x:所有的控制面信令都经由 eNB 转发,gNB 可将数据分流至 eNB。

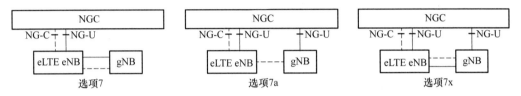

图 3-6-6 选项 7、选项 7a 和选项 7x

选项 7 系列比选项 3 系列向 5G 的演进更近了一步。在该系列中,核心网已经切换到了 5G 核心网,为了和 5G 核心网连接,4G 基站也升级为增强型 4G 基站。然而选项 7 系列的控制面锚点还是在 4G 上,适用于 5G 部署的早中期阶段,覆盖还不连续,但由于已经部署了 5G 核心网,除了能保证最基本的移动宽带之外,还能支持 mMTC 和 uRLLC。可以看出,对于此选项,5G 无线自身的业务能力大大增强,只是覆盖还需要 4G 进行补充。

(1)选项 7 系列存在以下优点:

① 对 5G 的覆盖没有要求,可利用 4G 的覆盖优势;

② 支持双连接来进行分流,上网速度大为提升,用户体验好;

③ 引入 5G 核心网,支持 5G 新功能和新业务。

(2)选项 7 系列同时也存在其不足之处,比如:

① 增强型 4G 基站需要的升级改造工作量大;

② 产业成熟时间可能会相对较晚;

③ 5G 基站跟增强型 4G 基站必须搭配干活,需要来自同一个厂商,灵活性低。

5G 部署初期及中期场景,由升级后的增强型 4G 基站提供连续覆盖,5G 仍然作为热点覆盖以提高容量,因此建议使用选项 7x。

【课堂随笔】

项目 3.7   5G 超密集组网

{问题引入}

1. 什么是 5G 超密集组网？
2. 5G 超密集组网主要应用于哪些场景？
3. 5G 超密集组网各应用场景的特点是什么？

3.7.1   概述

随着各种智能终端的普及,数据流量将出现井喷式的增长,未来数据业务将主要分布在室内和热点地区,5G 的流量需求增长到 1 000 倍以上。在 5G 通信系统中,无线通信网络正朝着网络宽带化、综合化、多元化、智能化的方向演进。为了提升无线系统的容量除了增加频谱带宽外,还有小区分裂、减小小区半径等措施。然而小区半径越小,小区分裂越难做到,因此诞生了一项新的通信技术,就是在室内外热点区域密集部署低功率小基站形成的超密集组网(Ultra Dense Network)。超密集网络能够改善网络覆盖,大幅度提升系统容量,并对业务进行分流,具有更灵活的网络部署和更高效的频率复用。未来,面向高频段大带宽,将采用更加密集的网络方案,部署小小区/扇区将有 100 个以上。

但是愈发密集的网络部署也使得网络拓扑更加复杂,小区间干扰已经成为制约系统容量增长的主要因素,极大地降低了网络能效。干扰消除、小区快速发现、密集小区间协作、基于终端能力提升的移动性增强方案等,都是目前密集网络方面的研究热点。

超密集组网 UDN(Ultra Dense Network)是 5G 的核心技术之一,通过无线接入点的规模部署,可以大大降低用户接入的距离,提高用户的吞吐量以及区域的吞吐量,从而满足 5G 系统的容量需求。

3.7.2   应用场景

5G 超密集组网有多个典型的应用场景,涉及居住、工作、休闲和交通等各种区域,特别是办公室、密集街区、住宅、体育场、大型集会、地铁等热点地区及广覆盖场景。表 3-7-1 列举了超密集组网的主要应用场景与覆盖用户。

表 3-7-1   UDN 主要应用场景

主要应用场景	基站位置	主要覆盖用户
密集街区	室内、室外	室内、室外
办公室	室内	室内
住宅	室外	室内、室外
体育场	室内、室外	室内、室外
大型集会场	室外	室外
地铁	室内	室内

1. 办公室

办公室应用场景的特点是办公人员比较密集,并且上下行流量密度需求比较高,可通过室内小基站覆盖室内用户。但由于每个办公区域内无内墙阻隔,因此小区间干扰较为严重。

2. 密集街区

密集街区的特点是下行流量密度要求较高。若要有效地进行网络覆盖,可通过室外微基站覆盖室内和室外用户。

3. 住宅

住宅区域网络覆盖的特点是下行流量密度需求较高,通常通过室外微基站覆盖室内和室外用户,解决网络覆盖需求。

4. 体育场

体育场的网络覆盖特点是上行流量密度需求较高,因此可通过室外微基站覆盖室外的用户。由于用户比较密集,因此小区间干扰较为严重。

5. 大型集会场

大型集会场的网络覆盖特点是上行流量密度要求较高,可通过室外微基站覆盖室外用户,但是小区间干扰较为严重。

6. 地铁

地铁场景的特点则是下行流量密度要求较高,可通过车厢内微基站覆盖车厢内用户。而由于车厢内无阻隔,因此小区间干扰也较为严重。

3.7.3 超密集组网网络架构

根据"三朵云"的 5G 蜂窝网络架构,对于 5G 超密集组网的主要覆盖热点场景,参考性归纳 5G 超密集组网的网络架构,如图 3-7-1 所示。从该网络架构图中可以看出,为了应对大流量密度提升的快速需求带来的挑战,如何才能在网络资源有限的情况下提高网络吞吐量和传输效率,保证良好的用户体验速率呢? 为了达到这一目的,5G 超密集组网需要在以下方面进一步调整。

第一,5G 无线接入网采用微基站来进行热点的容量补充,同时结合大规模天线,高频通信等无线技术,提高无线侧的吞吐量。在宏-微覆盖场景下,可通过覆盖与容量的分离,实现接入网根据业务发展需求以及分布特性灵活部署微基站。同时,由宏基站充当的微基站间的接入集中控制模块,负责无线资源协同、小范围移动性管理等功能。对于微-微超密集覆盖场景而言,微基站之间的干扰协调、资源协同、缓存等则需进行分簇化集中控制。接入集中控制模块可以由所分簇中某一个微基站负责或者单独部署在数据中心,负责提供无线资源协调、小范围移动性管理功能。

第二,对于大流量的数据处理和响应,需要将用户面网关、业务使能模块、内容缓存、边缘计算等转发相关功能尽量下沉到靠近用户的网络边缘。可以在接入网基站旁设置本地用户面的网关,实现本地分流。与此同时在基站上设置内容缓存、边缘计算能力,利用智能的算法在将用户所需内容分发给用户的同时,减少基站向后的流量和传输压力。最后将诸如视频编解码、头压缩等业务使能模块下沉部署到接入网侧,以便尽快地进行流量处理,减少传输压力。

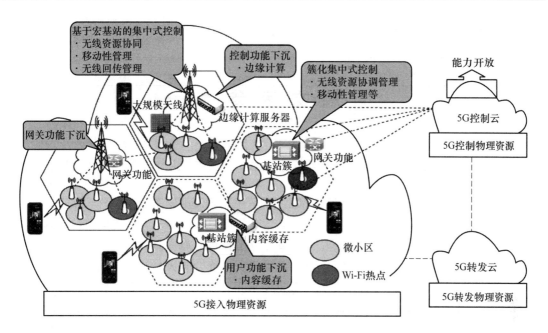

图 3-7-1　5G 超密集组网网络架构

综上,5G 超密集组网网络架构一方面通过控制承载分离(覆盖与容量的分离),实现网络对覆盖和容量的单独优化设计,实现根据业务需求灵活扩展控制面和数据面资源;另一方面通过将基站部分无线控制功能进行抽离,进行分簇化集中式控制,实现簇内小区间干扰协调、无线资源协同、移动性管理等,提升网络容量,为用户提供极致的业务体验。网关功能下沉、本地缓存、移动边缘计算等增强技术,同样对实现本地分流、实现内容快速分发、减少基站骨干传输压力等有很大的帮助。

{课堂随笔}

【重点串联】

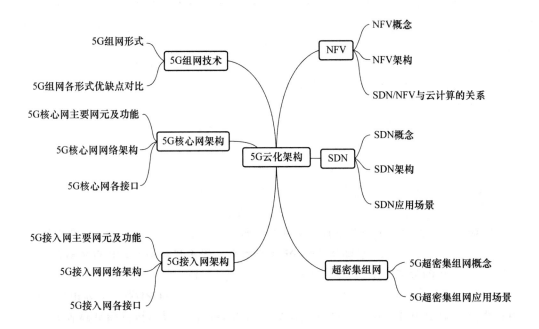

【基础训练】

1. 选择题

（1）5G 试验网 NSA 组网建议采用（　　　）架构。

A. 选项 3　　　　　　B. 选项 3a　　　　　　C. 选项 3x　　　　　　D. 选项 7x

（2）选项 2 组网的优势有哪些？（　　　）

A. 对现有 2G/3G/4G 网络无影响

B. 不影响现有 2G/3G/4G 用户

C. 可快速部署，直接引入 5G 新网元，不需要对现网改造

D. 引入 5GC，提供 5G 新功能、新业务

（3）SA 的组网优势包括（　　　）。

A. 5G 的终极方案

B. 支持 5G 新业务和网络切片

C. 支持按需插花组网，建网快速、投资回报快

D. 选项 2 方式组网对 4G 无影响，一步到位

（4）SA 和 NSA 组网影响上行覆盖的主要因素在于（　　　）。

A. UE 发射功率不同

B. UE 发射天线数不同

C. 上行可用物理资源块（RB 数）不同

D. 基站接收端口数不同

（5）目前 5G 网络部署方式为（　　　）。

A. 选项 2　　　　　　B. 选项 3　　　　　　C. 选项 4　　　　　　D. 选项 7

（6）以下组网方案中属于 SA 组网方案的有哪些？（　　　）

A. 选项 2　　　　　　B. 选项 3　　　　　　C. 选项 4　　　　　　D. 选项 4a

（7）5G 网络技术和网络结构将向着虚拟化、软件化、扁平化方向发展，如下与它相关的关联技术是（　　　）。

A. SDN　　　　　　　　　　　　　　B. NFV

C. 滤波组多载波技术（FBMC）　　　　D. 同时同频全双工（CCDF）

（8）5G 无线接入的关键技术主要包含（　　　）。

A. 大规模天线阵列　　　　　　　　　B. 超密集组网（UDN）

C. 全频谱接入　　　　　　　　　　　D. 新型多址

E. 新型多载波　　　　　　　　　　　F. 终端直连

2. 填空题

（1）SDN 的典型架构分为（　　　）、（　　　）、（　　　）3 个层面。

（2）ONF 定义的架构共由 4 个平面组成：分别是（　　　）、（　　　）、（　　　）、（　　　）。

（3）网络功能虚拟化基础建设（NFVI）主要包含（　　　）、（　　　）、（　　　）3 个功能区块。

（4）（　　　）负责对上层软件资源进行编排和管理，这种编排能力可以根据业务的需求，调整各 VNF 所需要的资源的多少，是系统实现全自动化最为核心的环节。

（5）（　　　）承载的主要功能有：会话管理，UE IP 地址分配和管理，UP 功能的选择和控制，配置 UPF 的流量导向，将流量路由到正确的目的地，控制部分策略执行和服务质量，下行数据通知。

（6）（　　　）是 5G 的核心技术之一，通过无线接入点的规模部署，可以大大降低用户接入的距离，提高用户的吞吐量以及区域的吞吐量，从而能够满足 5G 系统的容量需求。

（7）5G 超密集组网有多个典型的应用场景，涉及人们居住、工作、休闲和交通等各种区域，特别是（　　　）、（　　　）、（　　　）、（　　　）、（　　　）、（　　　）等热点地区及广覆盖场景。

3. 判断题

（1）对于 5G NR、SA 和 NSA 场景，VSW 单板都可以用 4G LMT 客户端调试。（　　　）

（2）NSA 选项 3 与选项 7 对比，选项 3 需要将 LTE 升级改造为 eLTE，改动较大。（　　　）

（3）SA 相对于 NSA 的劣势在于前期需要 5GNR 成片连续覆盖，初期投资成本高。（　　　）

（4）NR 中 SA 组网和 NSA 组网是以控制面锚点作为依据来区分的：控制面锚点在 NR 侧，则为 SA 组网；在 LTE 侧，则为 NSA 组网。（　　　）

（5）NSA 环境在 SCG 传输模式下，下行流量只走 5G 侧。（　　　）

（6）SA 相对于 NSA 的劣势在于前期需要 5GNR 成片连续覆盖，初期投资成本高。（　　　）

4. 简答题

（1）"三朵云"5G 网络架构由哪几个部分共同组成？请论述其功能。

（2）请作 5G 无线接入网架构结构示意图。

（3）请论述 5G 组网形式有哪 8 个选项。

（4）请论述 gNB 和 ng-eNB 所承载的主要功能。

（5）请论述 Xn 接口的功能。

（6）5G 系统架构主要由哪些网络功能组成？

模块 4　5G 典型行业应用方案

【教学目标】

1. 知识目标

（1）熟悉 5G 典型应用；

（2）熟悉车联网解决方案；

（3）了解车联网、智能电网、智能教育解决方案。

2. 技能目标

（1）具备分析 5G 典型应用业务关键参数的能力；

（2）具备安装远程驾驶的路测、车载机监控设备的能力。

【课时建议】

8～16 课时

【基础知识】

项目 4.1　5G 典型应用

〔问题引入〕

1. 5G 有哪些典型的应用？

2. 5G 典型应用对关键指标的要求如何？

4.1.1　5G 总体愿景

移动通信已经深刻地改变了人们的生活，但人们对更高性能移动通信的追求从未停止。为了应对未来爆炸性的移动数据流量增长、海量的设备连接、不断涌现的各类新业务和应用场景，第五代移动通信（5G）系统应运而生。

5G 将渗透未来社会的各个领域，以用户为中心构建全方位的信息生态系统。5G 使信息突破时空限制，提供极佳的交互体验，为用户带来身临其境的信息盛宴；5G 拉近万物的距离，通过无缝融合的方式，便捷地实现人与万物的智能互联。5G 将为用户提供光纤般的接入速率,"零"时延的使用体验,千亿设备的连接能力,超高流量密度、超高连接数密度和超高移动性等多场景的一致服务,以及业务和用户感知的智能优化,同时能提升网络能效并降低比特成本,最终实现"信息随心至,万物触手及"的总体愿景(见图4-1-1)。

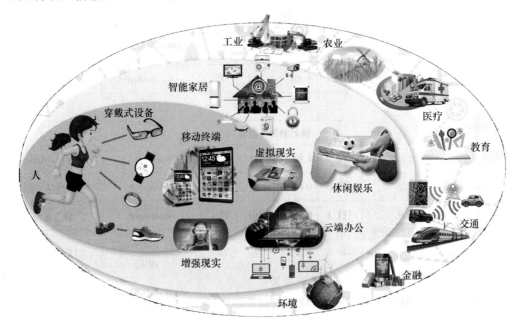

图 4-1-1　5G 总体愿景

4.1.2　三大应用场景

ITU 为 5G 定义了 eMBB(增强移动宽带)、mMTC(大规模机器通信)、uRLLC(越高可靠低时延通信)三大应用场景,如图 4-1-2 所示。

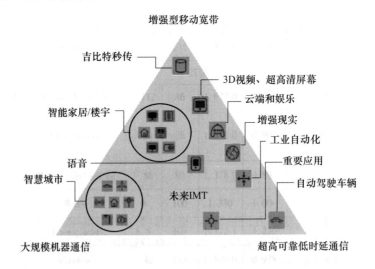

图 4-1-2　ITU 定义的 5G 三大应用场景

eMBB 的典型应用包括超虚拟现实、增强现实、3D 全息视频、高清视频流媒体等。这类场景首先对带宽要求极高,关键的性能指标包括 100 Mbit/s 的用户体验速率(热点场景可达 1 Gbit/s)、几十 Gbps 的峰值速率、每平方千米几十 Tbps 的流量密度、每小时 500 km 以上的移动性等。另外,涉及交互类操作的应用还对时延敏感,例如,虚拟现实沉浸体验对时延要求在十毫秒量级。

mMTC 的典型应用包括智慧城市、共享单车等。这类应用对连接密度要求较高,同时呈现行业多样性和差异化。智能抄表、共享单车这些应用要求终端低成本、低功耗,网络支持海量链接的小数据包;视频监控不仅部署密度高,还要求终端和网络支持高速率;智能家居业务对时延要求相对不敏感,但终端可能需要适应高温、低温、震动高速旋转等不同家用电器工作环境的变化。

uRLLC 的典型应用包括工业控制、无人机智能驾驶等。这类场景对时延极其敏感的业务,高可靠性也是基本要求。自动驾驶实时监测等要求毫秒级的时延,汽车生产、工业机器设备加工制造时延要求为十毫秒级,可用性要求接近 100%。

4.1.3 典型应用场景

5G 典型场景涉及未来居住、工作、休闲和交通等各种区域,特别是密集住宅区、办公室、体育场、露天集会、地铁、快速路、高铁和广域覆盖等场景,如图 4-1-3 所示。这些场景具有超高流量密度、超高连接数密度、超高移动性等特征,可能对 5G 系统形成挑战。

在这些场景中,考虑增强现实、虚拟现实、超高清视频、云存储、车联网、智能家居、OTT 消息等 5G 典型业务,并结合各场景未来可能的用户分布、各类业务占比及对速率、时延等的要求,可以得到各个应用场景下的 5G 性能需求。

4.1.4 5G 关键性能指标要求

5G 关键性能指标主要包括用户体验速率、连接数密度、流量密度、端到端时延、可用性、可靠性、移动性和用户峰值速率等。

（1）用户体验速率

单位时间用户获得的数据速率(见表 4-1-1),指真实网络环境下用户可获得的最低传输速率,而不是理论值。

表 4-1-1　用户体验速率

场景	期望值
高铁	下行 50 Mbit/s,上行 25 Mbit/s
车联网自动驾驶	下行 100 Mbit/s,上行 20 Mbit/s
工厂自动化	下行 300 Mbit/s,上行 60 Mbit/s
广阔户外	30 Mbit/s
智慧城市	下行 300 Mbit/s,上行 60 Mbit/s
密集交通	下行 100 Mbit/s,上行 20 Mbit/s
VR 或 AR	4～28 Gbit/s
大型活动场馆	0.3～20 Mbit/s
媒体点播	15 Mbit/s
远程精细操作	300 Mbit/s

办公室
每平方千米几十Tbps的流量密度

密集住宅
Gbps的用户体验速率

体育场
10^6个/km^{2}的连接数密度

露天集会
10^6个/km^{2}的连接数密度

地铁
6人/m^{2}的超高用户密度

快速路
毫秒级端到端时延

高铁
500 km/h以上的高速移动

广域覆盖
100 Mbit/s的用户体验速率

图 4-1-3　IMT-2020 展示的 5G 应用场景

（2）连接数密度/流量密度

连接密度是指在特定地区和特定时间段内,单位面积可以同时激活的终端或者用户数,也就是单位面积上支持在线设备的总和。

流量密度是指在特定地区和特定时间段内,单位面积单位时间内可以同时传输的信息数量,也就是单位面积区域内的总流量。

连接数密度/流量密度的期望值与相应场景见表 4-1-2。

表 4-1-2　连接数密度/流量密度

场景	期望值
高铁	下行 100 Gbit/(s · km^{-2})，上行 50 Gbit/(s · km^{-2})（流量密度）
车联网自动驾驶	—
工厂自动化	10^7 个终端/km^2
广阔户外	—
智慧城市	$2×10^6$ 个终端/km^2
密集交通	480 Gbit/(s · km^{-2})（流量密度）
VR 或 AR	10^6 个终端/km^2，480 Gbit/(s · km^{-2})（流量密度）
大型活动场馆	900 Gbit/(s · km^{-2})（流量密度）
媒体点播	60 Gbit/s/(s · km^{-2})（流量密度）
远程精细操作	—

（3）端到端时延

端到端时延是指数据包从源节点开始传输到被目的节点正确接收的时间。端到端时延又分为单程时延（OTI）和往返时延（RTT），单程时延是数据包从发送端到接收端的时间,往返时延是数据包从发送端发送,到接收端收到后返回确认信息的时间。

端到端时延的期望值与相应场景见表 4-1-3。

表 4-1-3　端到端时延

场景	期望值
高铁	10 ms
车联网自动驾驶	5 ms
工厂自动化	1 ms
广阔户外	—
智慧城市	20 ms
密集交通	100 ms
VR 或 AR	RTT 10 ms
大型活动场馆	—
媒体点播	200 ms
远程精细操作	1 ms

（4）可用性/可靠性

可用性是指在个区域内,网络能满足用户体验质量（QoE）的百分比,也就是用户能使用网络且基本体验能达到标准的百分比。可靠性则是指一定时间内从发送端到接收端成功发送数据的概率。

可用性/可靠性的期望值与相应场景见表 4-1-4。

表 4-1-4　可用性/可靠性

场景	期望值
高铁	99％
车联网自动驾驶	99.999％
工厂自动化	99.999％

场景	期望值
广阔户外	99.9%
智慧城市	一般应用 95%，安全应用 99%
密集交通	95%
VR 或 AR	99.9%
大型活动场馆	95%
媒体点播	95%
远程精细操作	99.999%

（5）移动性

移动性主要是指高速移动性，是在目前的高速公路、高铁等环境下，能保证的用户体验情况。

移动性的期望值与相应场景见表 4-1-5。

表 4-1-5　移动性

场景	期望值
高铁	500 km/h
车联网自动驾驶	200km/h
工厂自动化	—
广阔户外	—
智慧城市	100 km/h
密集交通	—
VR 或 AR	—
大型活动场馆	—
媒体点播	—
远程精细操作	—

{课堂随笔}

项目 4.2　车联网应用方案

〔问题引入〕

1. 什么是车联网？
2. 为什么需要车联网？
3. 车联网可以实现哪些需求？
4. 如何实现车联网？

4.2.1　为什么需要车联网？

为什么非要通过无线网络控制车辆？不能全部在车上控制吗？

对于自动驾驶来说，单车传感器解决方案无法保证无人驾驶 100% 的精准判断。以摄像头等传感器为主的嵌入式 AI 系统存在缺陷，无法保证 100% 的精准判断。单车传感器，由于受限于传感器视觉范围、环境等，无法做到对路况、汽车周边环境 100% 的精准判断。

2016 年 5 月，特斯拉公司 Model S 无人驾驶汽车在美国发生车祸并造成驾驶员死亡，成为自动驾驶首例致命车祸，Model S 在自动驾驶状态下，由于 Autopilot 系统判断错误，摄像头误以为前面的卡车是路面的电子路牌，车载雷达由于卡车底盘太高而漏判，导致车辆在毫无减速的情况下钻进了一辆拖货卡车的下方。

无人驾驶 100% 的安全性保证，必须依赖 V2X（车路协同技术），通过网络云端 AI 获取传统嵌入式 AI 视觉范围之外的信息。

单车传感器受制于视觉范围，只能获取其视线范围内的信息，对于无人驾驶的需求来说远远不够。

为了保证无人驾驶 100% 的安全性，需要接入车联网系统，在单车智能系统达到极限之后，网络云端 AI 给汽车无人驾驶增加了一层保障，可以提前预判其他车辆的行驶地点和时间，获取视觉范围之外的信息，达到 100% 的精准判断。

V2X 实时信息通信为无人驾驶提供多渠道信息来源。随着无人驾驶商业化以及车联网的推进，以单车传感器为主的嵌入式 AI 与网络云端 AI 相辅相成，共同保障完全的无人驾驶落地。

车路协同保障无人驾驶 100% 的安全性要求，但同时需要低时延、高可靠，且支持高移动性以及大数据容量的移动通信网络支撑。

(1) 低时延：端到端时延在 5 ms 以内。

(2) 高可靠：误包率在 0.001% 以下，而且在车辆发生拥塞，大量节点共享有限频谱资源时，仍能够保证传输的可靠性。

(3) 支持高速移动：考虑到汽车之间的相对移动，最高相对时速可达 500 km/h。

(4) 大数据容量：传输数据包至少能承载 1 600 B 的信息数据。

4.2.2　车联网概述

车联网又称 V2X(Vehicleto Everything),即车与万物互联,实现车内、车与车、车与人、车与外部环境、车与服务平台的全方位网络连接。C-V2X(Cellular V2x)是基于 3GPP 全球统一标准的通信技术,包含 LTE V2X 和 5G-V2X 两个版本,LTE-V2X 支持向 5G -V2X 平滑演进。

V2X 信息交互模式包括以下四个方面。

(1) 车与车(V2V):通过车载终端进行车辆间的通信。

(2) 车与人(V2P):弱势交通群体(如行人、骑行者等)使用用户设备(如手机、笔记本电脑等)与车载设备进行通信。

(3) 车与路(V2I):车载设备与路侧基础设施(如红绿灯、交通摄像头、路侧单元等)进行通信。

(4) 车与网络(V2N):车载设备通过接入网/核心网与云平台连接。

C-V2X 是中国车联网技术标准首选。C-V2X 可保障人、车、路的有效协同,优于 DSRC (802.11p)等技术,尤其提高了安全系数。

C-V2X 成为中国 V2X 技术标准首选,原因是中国主导 3GPP 的 LTE-V2X 标准化,中国拥有全球最大的 LTE 网络和 LTE-V 演进技术优势。

LTE-V2X 技术满足 3GPP 的 27 种应用场景(3GPPTR22.885):包括主动安全、交通效率和信息娱乐。

LTE-eV2X 技术与 LTE-V2X 兼容,提升 V2X 可靠性、数据速率和时延性能,以部分满足更高级的 V2X 业务。

5G-V2X 技术实现与自动驾驶相关的四组应用场景(3GPPTR22.886):车队编排、先进行驶、传感器信息共享、远程驾驶。

自动驾驶与交通控制属于高可靠时延敏感类业务,此类业务对时延要求很高,并且要求近乎 100% 的可靠性。从表 4-2-1 中可以看出时延对此类业务的影响。

表 4-2-1　不同时延对刹车距离的影响

网络	3G 网络	4G 网络	5G 网络
系统时延	100 ms	50 ms	1 ms
速度为 120 km/h 时,时延增加的刹车距离	333 cm	167 cm	3.3 cm

自动驾驶仅仅依靠自身传感是不够的,需要利用 5G 网络获知周边车辆、道路的距离、速度、位置等信息,弥补自身传感器受到的距离和环境的制约,降低行驶过程中的不确定性。

5G 网络能够满足车内乘客对 AR/VR、游戏、电影、移动办公等车载信息、娱乐,以及高精度地图的需求。

5G 使无人驾驶的可能性增加,可以协助实现对城市固定线车辆的部分职能云控制。基于 5G 近实时的高清视频传输,V2N 和 V2V 互补(V2N2V),如前所述,让自动驾驶不仅能"眼观六路",还能"耳听八方",实现 100% 的安全性。无人驾驶的需求包括传统的覆盖、容量、时延、可靠性、速率、移动性、安全、成本、功耗等方面。表 4-2-2 为高阶自动驾驶对网络性能的要求。

表 4-2-2　高阶自动驾驶对网络性能的要求

高阶场景	最大端到端延迟时间/ms	可靠度	速率/(Mbit·s⁻¹)	最小通信范围/m
车队编排/m	10～25	90～99.99%	50～65	80～350
先进行驶	3～100	90～99.999%	10～53 上行 0.25;下行 50	360～700
传感器信息共享	3～100	90～99.999%	10～1 000	50～1 000
远程驾驶	5	99.999%	上行 25;下行 1	—

4.2.3　车联网需求分析

随着社会发展,建设综合智慧交通有很大的必要性。

实现多个交通部门联合办公、协调联动,提供政府部门统一管理职能,构建部—省—市—县四级的交通运行协调联动指挥体系;通过场地共建、合署办公、分工明确,实现重要节假日及重大活动期间综合交通运输组织、协调指挥的保障工作;通过集中维护、统一管理,实现资源优化、信息共享,整体提升整个交通部门的信息化建设水平。

加强综合交通运行监测,提升交通应急事件的快速反应能力,提供辅助决策分析与预测预警。实现交通基础设施及综合交通运行状况监测,完成对路网运行、水路航道、铁路运输、民航信息的综合性管控;通过扁平化管理,实现信息指令直接上传下达,增强快速反应能力,完成交通突发事件的处理;结合 5G 网络、云平台、大数据平台,实现多源数据融合分析,提供辅助决策及数据支撑,提高交通运行的预测预警预判能力。

提高公众出行服务效率,缓解交通拥堵,降低环境污染。实现交通信息实时发布,提供全方位、多途径的出行服务信息,方便百姓选择快捷、舒适的出行方式,提升公众满意度;科学组织交通,构建“大交通”运输体系,提高道路通行能力,提升交通出行效率;缓解交通拥堵,从而降低尾气排放,减少 PM2.5 造成的环境污染。

车联网的发展趋势是平滑演进到 5G,逐步向自动驾驶升级。自动驾驶是车联网发展的最高级阶段,根据国际自动机工程师学会(SAE International)制定的自动驾驶分级标准,车联网从车载信息服务到智能交通出行,除提升车辆的智能化外,还需要网络的智能化和基础设施的智能化协同配合。

5GAA 从 2016 年的 8 个会员,迅速发展到 80 多个会员,2019 年增加到 110 多个会员,当前全球已有 2 000 万辆车具备 C-V2X 功能。

工信部制定了车联网的政策规划:2020 年,掌握辅助驾驶关键技术;2025 年,掌握自动驾驶关键技术。交通部 2030 车联网规划要求:90% 城市自动驾驶在交通控制网下,效率提 1 倍;80% 高速自动驾驶在交通控制网下,效率提 6 倍;100% 专用公交自动驾驶在交通控制网下,效率提 4 倍;人因事故降低 80%。车联网演进路线见图 4-2-1。

各部委大力推动 C-V2X 产业的发展,产业链初具规模。国务院、发改委、交通部、工信部和公安部都出台了相应的规定和制度。

2013 年 2 月由我国工业和信息化部、国家发展和改革委员会、科学技术部联合成立 IMT-2020(5G)推进组,推动第五代移动通信技术的研究;2016 年设立 C-V2X Ⅰ作组,研究 V2X 关键技术,开展试验,进行产业与应用推广。

标准、频谱、产业链各环节已经就绪。中国通信标准协会(CCSA)制定空口技术要求和测试方法标准,中国智能交通产业联盟完成 C-ITS 通信架构及应用层标准。2018 年 11 月,《车联网直接通信使用 5 905～5 925 MHz 频段管理规定》正式发布,工信部明确规划将 5.9 GHz 频段作为基于 LTE 的 C-V2X 技术的车联网(智能网联汽车)直连通信的工作频段。大唐、高通、华为等公司相继发布了 RSU、OBU、V2X 芯片等产品。

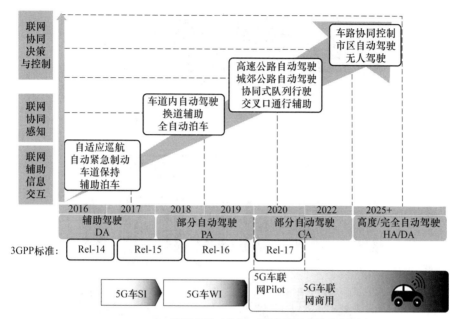

资源来源:工信部《智能网联汽车技术路线图》

图 4-2-1　车联网演进路线

C-V2X 产业当前的问题是商用慢,商业模式不清晰,关键产品还未达到商用化。C-V2X(V2VNV2I)商用部署的关键产品包括芯车载终端、路侧基础设施。这些产品在我国虽已获得巨大进展,但产品本身仍然离商业部署还有差距,仍需要加大研发力度,尽早实现产品商用。C-V2X 商业模式不清晰,网络部署方案不明确,由于 C-V2X 涉及的产业链长,不同于以往传统车联网的商业模式,其牵涉的厂商众多,还未形成强有力的主导方,未有统一的 C-V2X 的网络部署方案,整个产业的没有形成核心的凝聚力,导致产业推动力量发散。

运营商车联网业务探索应聚焦行业应用,加强产业合作。根据技术成熟度、市场空间及商业模式确定性,确定业务部署节奏。车联网新业务近期应重点聚焦新能源车监控与车内信息娱乐;中期应重点发展封闭区域与半开放高速公路自动驾驶及特殊区域远程驾驶,为全自动驾驶做网络、平台与生态商业的准备,是业务差异化的重要阶段;远期应做大、做深自动驾驶,捕获更多市场,比如共享出行与分时租赁这些新型行业应用。

4.2.4　车联网应用方案

车联网中期目标:达到 4 级以上的自动驾驶等级,更安全、更高效。通过 5G 车联网,实现以下几个目标,见图 4-2-2。

(1) 高清动态地图:实时更新临时施工或车祸路段,使司机提前绕行。

(2) 视频共享和协同环境感知:超视距环境感知和协同,避免司机盲点,利用挡风玻璃作为 AR 导航界面,更直观、更安全。

（3）协同并道和协同防碰撞：将可靠性从 60% 提升至 96%，将 RTT 交互控制在 20 ms 内，响应距离偏差在 0.6 m，是 LTE-V 的十分之一。将人从重复劳动中解放出来，提升生产效率。

（4）队列行驶：降低油耗 9%（1.5 m）～25%（0.3 m）。

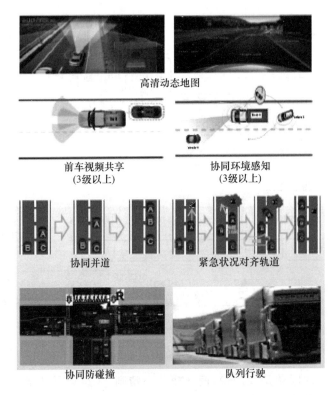

高清动态地图

前车视频共享
（3级以上）

协同环境感知
（3级以上）

协同并道

紧急状况对齐轨道

协同防碰撞

队列行驶

图 4-2-2　车联网目标

自动驾驶分 5 个级别，不同级别对网络带宽和网络 RTT（往返时延）有不同的要求，详见表 4-2-3。

表 4-2-3　自动驾驶体验要求

自动驾驶等级	网络带宽	网络 RTT
1级：驾驶辅助	0.05～4 Mbit/s	100～1 000 ms
2级：部分自动化	0.05～4 Mbit/s	20～100 ms
3级：有条件的自动化	0.05～25 Mbit/s	10～20 ms
4/5级：高级自动化/全自动化	30 Mbit/s～1 Gbit/s	1～10 ms

车联网业务战略分为 3 个层级，在业务转型方面，车联网可以作为运营商的一个新业务予以考虑。进入车联网领域可以考虑两方向的定位：横向转型或者纵向转型。层级一属于横向转型，层级二和层级三属于纵向转型。相对来说，横向转型比较容易落地，纵向转型则需要构建新的能力或通过收购来实现。

层级一：做连接专家。将现有核心产品（如 SIM 卡、网络连接、流量）扩展应用到新的垂直行业——车联网。运营商作为通道提供者，直接的利益来源于汽车联网后新增的通信收费；车以及相关的附属硬件（如充电桩等）都可以作为新的智能终端接入网络，每辆车至少一个 SIM

卡,目前全球汽车保有量已超 10 亿辆,空间并不小。这是运营商增收最快捷的方式,并不需要太多的技术创新。运营商需要跟进车企或自动驾驶服务提供商对 V2X 的诉求,以保障在该方面能有技术准备。

层级二:提供平台,基于连接优势、大数据分析能力建设车联网数据使能平台构筑产业集成能力。运营商提供车联网数据使能平台,构筑产业数据使能能力;平台负责接入网关,存储和分析大数据,将数据按照业务类别提供数据服务 API。

层级三:提供业务,选择车联网细分业务,建设端到端的解决方案。运营商作为某项服务提供商,深入提供具体的业务解决方案;针对车联网的细分人群选择某个具体的业务,提供综合的解决方案,如 UBI 保险业务、车队管理等。

ICT 使能车和路,服务于未来出行的变革,通过 5G 网络通信、大数据/AI、云计算、芯片产业、终端,服务于车联网,构建车、路一体的 V2X 网络。实现安全辅助/自动驾驶,能够超视距安全预警,建立合作式智能交通,做到实时路况感知,智能路径规划;提供智能驾乘体验,个性化、场景化智能推荐,语音交互,AR-HUD。

车联网解决方案:车载计算机(MDC)提供自动驾驶能力,IVI 提供娱乐智能驾乘体验,C-V2X 车路协同,构建合作式智能交通,车联云平台实现车的数字化,使能车企服务化转型,如图 4-2-3 所示。

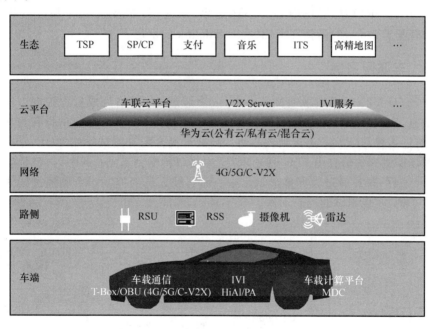

图 4-2-3 车联网解决方案

该方案基于 C-V2X 技术,构建车路协同的合作式智能交通,减少车路信息不对称的情况,使车路主动双向互动成为标配,提高效率和安全系数,并向"协同式自动驾驶"演进,降低单车自动驾驶的成本。该方案的关键点是:车、路信息的实时交互与感知;全局交通数据分析与流量引导;厘米级定位与车道级应用;全球统一标准,可向 5G 演进。

如图 4-2-4 所示,智能交通平台提供道路数字化和车路协同;摄像机、雷达、信号灯、桥隧监控等接入智能交通平台,使道路数字化。这些全方位的信息通过 5G 网络传给汽车,实现车路协同。5G 网络具有无缝连接、低时延($2 \sim 20$ ms)、高可靠(99.999%)、智能连接的性能,5G-V2X 技术真正实现车-路-网协同,助力智能交通落地。

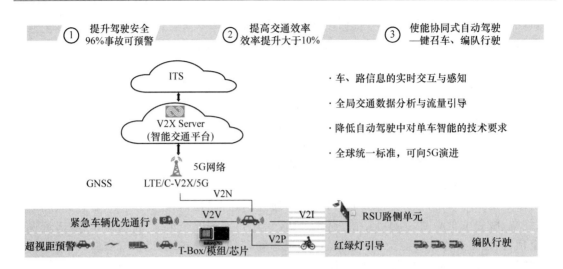

图 4-2-4　车联网结构图

为了实现更低时延、更高可靠性、更大带宽、更精准定位和更全面的覆盖目标,5G-V2X 有多方面的创新:实现 V2X 切片、端到端 QoS;网络和 LTE-V、DSRC 融合组网;空口增强,实现单播、组播、多播、uRLLC,用户中心无小区边界、双连接;非授权 ITS 和授权频谱都支持Sidelink;拥有基于 Uu 口的高精度定位、基于 Sidelink 的定位。

4.2.5　车联网案例

雄安新区 5G-V2X 远程驾驶直播演示中,成功通过 5G 网络完成远程控制方向、油门、刹车控制量信息,实现 5G-V2X 远程驾驶。如图 4-2-5 所示,5G 核心网机房设在容城,5G 基站设在徐水,通过承载网(PTN)连接到核心网。测试车辆上配有测试终端 TUE,车载摄像头及传感器把现场探测到的信息由 ITU 通过 5G 空中接口传输到基站(gNB),再经承载网(PTN)传输到 5G 核心网,最终通过大屏幕显示出来。而驾驶人员的控制指令则通过与之相反的路径传给测试车辆,实现相应的控制动作。

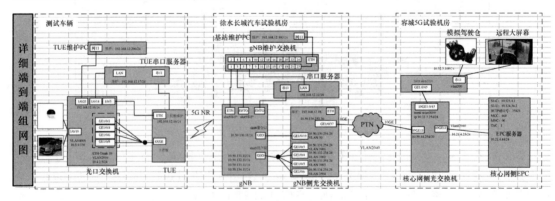

图 4-2-5　雄安车联网试点组网方案

{课堂随笔}

项目 4.3　智能电网应用方案

{问题引入}

1. 什么是智能电网?
2. 智能电网的发展趋势是什么?
3. 电力行业对 5G 有哪些需求?
4. 5G 在电力行业有哪些应用?
5. 如何实现 5G 在电力行业的应用?

4.3.1　智能电网及发展趋势

1. 概述

电力系统是由发电厂、送变电线路、供配电所和用电等环节组成的电能生产与消费系统。它的功能是将自然界的一次能源通过发电动力装置转化成电能,再经输电、变电和配电将电能供应到各用户。

智能电网,是一个高度智能化、自动化的电力网络,2016 年《"十三五"国家科技创新规划》中,智能电网入选"科技创新 2030 重大项目"。智能电网作为典型的垂直行业代表,呈现业务多样性的特点,对网络的要求也不尽相同,如各负荷的精准控制、配电自动化和信息采集等典型业务,对通信网络提出了新的需求。

5G 网络大带宽、大连接、低时延、网络切片等整体组合能力,能满足智能电网的多样化需求,可有效保障高可靠、高带宽及智能网络的健壮性。根据我国电网企业在通信网络和智能电网方面的投资规模,预计 5G 在电力行业的直接市场空间将达百亿元级,基于 5G 的应用和服务市场空间达千亿元级。

2. 智能电网发展趋势

(1) 三新

首先,是新能源,又称非常规能源,是指传统能源之外的各种能源形式。例如,太阳能、风能、生物质能和核聚变能等。但风能、太阳能等新能源,具有间歇性和随机性,而且是双向的,有时候发电,有时候充电。

其次,是新用户,如充电桩,要求可以在电费便宜时智能充电。

最后,对电网有新要求,要求不断电,精准负荷。

(2) 单向到多向

原有电网的流向是发电厂到用户终端,现在,用户家中安装太阳能,也可以把多余电能给别的用户使用。

(3) 智能分布式配电自动化

智能电网实现了毫秒级自动隔离故障并转供电,真正做到"不停电",大大提高供电可靠性。

(4) 毫秒级精准负荷控制

传统配网由于缺少通信网络的支持,切除负荷的手段相对简单粗暴,通常只能切除整条配电线路。随着电网的建设,从业务影响角度出发,希望尽可能做到减少对重要用户的影响,通过精准控制,优先切除可中断的非重要负荷,保障重要负荷供电。

(5) 低压用电信息采集

目前,电力行业面临的重要问题之一是加强营销需求侧管理。电力行业要对客户用电信息实时数据进行采集与监控,以便供电企业能更及时地掌握客户的负荷情况及用电规律,提高负荷预测的准确性,切实服务于营销系统和其他业务需求。

(6) 分布式电源

分布式电源装置是指功率为数千瓦至 50 MW 的小型模块式的、与环境兼容的独立电源。这些电源由电力部门、电力用户或第三方所有,用以满足电力系统和用户特定的要求。例如,调峰,为边远用户或商业区和居民区供电,节省输变电投资,提高供电可靠性等。

4.3.2　电力行业对 5G 的需求

目前电网缺少有效的广域低成本网络通信解决方案,希望 5G 公网能满足其需求。目前的电网,光纤仅仅覆盖高压传输网,对于配电网缺少有效的通信方案。由于没有有效的通信手段,很多电网业务无法推广和部署,如抄表业务随时化。另外,在故障隔离中,要求保障隔离时间短,保障元器件不损坏。因此,在广域配电网络上,通信需求非常迫切。

另外,电网对安全、隔离、可靠性需求很高,希望通过 5G 切片技术来满足网络的高安全需求。

4.3.3　5G 在电力行业中的应用概览

智慧新能源发电、智慧输变电、智慧配电、智慧用电是当前 5G 与智能电网结合最紧密的四个应用领域,覆盖智能电网运营全流程。

1. 智慧新能源发电类

截止到 2017 年年底,我国发电装机容量达 17.8 亿 kW,其中风电装机 1.6 亿 kW,并网太阳能发电装机 1.3 亿 kW,新能源发电占总发电容量的 16.3%,且占比逐年增加。5G 分布式电源解决方案有利于提升风力、太阳能的发电量和发电效率,提升运维效率,降低运维成本。

风能、太阳能等是新型的分布式能源,在其并入电网后,电网将从原来的单电源辐射状网络变为双电源甚至多电源网络。智慧新能源发电解决方案利用 5G 网络及巡检无人机和机器人,实现对风能、太阳能等新能源并网后的智能监控、对发电场站的智能巡检、对风机叶片的智能变桨控制等。

目前,国家电力投资集团利用 5G 网络,在江西光伏电站实现无人机巡检、机器人巡检、智能安防、单兵作业四个智慧能源应用场景。在无人机巡检、机器人巡检场景中,电站将现场无人机、机器人巡检视频图像实时高清回传至南昌集控中心,实现数据传输方式从有线到无线,设备操控方式从现场到远程的转变。

2. 智慧输变电类

截止到 2017 年年底,我国 220 kV 及以上的输电线路回路长达 69 万 km,220 kV 及以上的变压器约 145 百台。5G 智慧输变电解决方案有较大的应用空间,可提高输电线路和变电站的安全性与可用性,降低断电故障率和运维成本。

智慧输变电利用 5G 网络及巡检无人机和机器人,实现对输电线路和变电站的监控,以及高危环境作业等。例如,福建某供电公司利用 5G 网联无人机赋能输电线路巡检,实现了电力线路巡查中高清视频的即拍即传,丰富了输电线路智能巡检技术的应用范围。

3. 智慧配电类

截止到 2017 年年底,我国 10 kV 配电线路总长为 443 万 km,城市与城镇的线路长达 86 万 km,农村的线路长达 357 万 km,其中,城镇多为电缆线路及少量架空线路,而农村采用架空线路。5G 智慧配电解决方案有较大的应用空间,可为电力客户提供不间断持续供电能力,将事故隔离时间缩短至毫秒级,将经济损失、社会影响降至最低。

智慧配电利用 5G 网络及摄像头和巡检无人机等设备,实现对配电主站、配电子站和配电线路的视频监控与数据监测、故障定位和恢复、分布式配电自动化和毫秒级精准负荷控制等。

目前,中国南方电网完成 5G 智能电网的外场测试。5G 网络切片使端到端时延平均达到 10 ms 以内,可满足电网的差动保护和配电网自动化、物理和逻辑隔离等需求,支持传输电力的配网自动化、视频监控与公众业务。

4. 智慧用电类

截止到 2018 年年底,我国全社会用电量达 6.84 万亿度,同比增长 8.49%,增速较 2017 年上升 1.9 个百分点。5G 智慧用电解决方案有较大的应用空间,帮助电力企业规划优化电网,降低线路损耗,为用户提供差异化用电服务,引导错峰用电,降低用电管理与运维成本,提升营收。

智慧用电利用 5G 的大连接能力,以及电表和用电数据集中单元(DCU)等设备,实现用电信息的自动采集、计量异常监测、大用户负载管控、线路损耗管理、电能质量监测、用户用电分析、计费与收费管理等。

4.3.4 5G 在智能电网上的典型应用方案

1. 行业技术需求

(1)配网急需提升供电可靠性,实现配网故障精准定位。传统配网采用过流保护,停电影响范围大无法精准排查。

(2)光纤在配网上的铺设难度大。目前主网实现了光纤覆盖,但是电网末梢神经的配网目前属于"盲调"状态,因为数量大,光纤很难全覆盖,成本太高,达到每千米 15 万元,而且时间长,维护难。

(3)智能分布式配电差动保护、配电网同步相量测量对通信要求非常高。时延要求平均在 15 ms 以内,授时要求小于 1 μs,可靠性要求达到 99.99%。

2. 典型应用案例

南方电网、中国移动和华为从 2018 年开始开展 5G+智能电网战略合作,从技术到业务方面取得重大突破,5G 为智能电网带来安全隔离、高可靠的虚拟专网。从顶层设计、国际标准、关键技术、现网试点、终端模组到业务运营,实现众多全球第一。其中,深圳现网试点 5G+差动保护、5G+PMU、端到端切片,于 2020—2021 年在中国南方五省试商用。

3. 应用案例特征

(1)切片网络端到端

从核心网、传输网到无线网实现了端到端的网络切片,并实现了物理和逻辑隔离,创新切片运营平台(CSMF)、切片管理平台(NSMF)、电力切片管理平台。

切片运营平台:运营商切片运营,设置切片模板,为大客户定制切片,并管理切片商品资源。

切片管理平台:运营商切片管理,负责跨域的配置下发、状态管理、SLA 规划。

电力切片管理平台:电力的切片管理端,购买切片,以及针对已经购买的切片查看业务运行状态。

自研传输转发芯片为电力业务提供专用转发通道,实现可确定的转发时延。

（2）授时精度高

电网要求在一个电流周期内,也就是 20 ms 内对相邻节点相同时刻的波形和相位进行比对。因此,要求端到端通信时延小于 15 ms,空口授时精度达 10 μs。从基站提取时钟源到终端,平均时延为 10 ms,当前版本空口授时精度达 300 ns。

（3）低时延

针对时延进行优化,传输部分采用华为自研芯片 NP,转发时延低于行业值。核心网采用 MEC 下沉,降低时延,并面向确定性时延优化核心网处理能力,大大增强了 5G RAN 的可靠性功能。

（4）电力 CPE 终端

针对电力授时需求设计带授时功能的 CPE。

{课堂随笔}

项目 4.4　智能教育应用方案

〔问题引入〕

1. 什么是智能教育？
2. 智能教育对 5G 有哪些需求？
3. 5G 在教育行业有哪些应用？
4. 什么是 5G 云 VR 教育？

4.4.1　智能教育及应用领域

2018 年 4 月教育部发布了《教育信息化 2.0 行动计划》，2019 年 2 月国务院印发了《中国教育现代化 2035》，相继强调教育信息化在推动教育现代化过程中的地位和作用。

新型教育信息化将不仅涵盖信息环境建设、软硬件支持，更应建设多实践领域、多应用场景、全环节覆盖、全民全域普及的实施路径。5G 与人工智能、VR/AR、超高清视频、云计算、大数据等技术的融合，将为教育变革提供强大动力。

当前，5G 在教育中的应用主要体现在：智慧教学、智慧校园两个细分应用领域。其中：智慧教学采用超高清与 XR 播放；智慧校园采用目标与环境识别（安全监控）、信息采集与服务（教学与设备、宿舍管理、学生信息服务）。

4.4.2　5G 在教育业中的应用概览

智慧教育涵盖教、研、测、评、管等各个环节，其中教学与校园管理对 5G 的需求最为迫切，应用场景也最为丰富。

1. 智慧教学类

教学是教育行业的核心业务，其目标是完成对学习内容的传授，并基于学习者的反馈提供交互性的支持。在此过程中 5G 可以发挥重要作用，例如：在远程教学中通过高清视频技术改善学习体验；在互动教学中通过 VR/AR、全息等技术促进教学效果提升；在实验课堂中通过 MR 等技术模拟实验环境和实验过程，打造沉浸式的体验。广东某中学打造"5G·我即校园" 5G 智慧教育应用，通过 5G 网络为师生们提供直播互动课堂（远程教学）和 VR/AR 课堂等 5G 智慧教育应用。苏州某学校通过 5G 网络环境下的课堂交互式体验教学项目，为中小学课堂教学带来新活力，主要采用 5G+MR 智能沙箱，学生可以佩戴头戴式显示器，将沙箱中的沙子塑造成各种地理形状，自由创作交互内容，在虚拟的地理地貌中漫步，获得沉浸式体验。

2. 智慧校园类

校园智慧化可使学校各方面的管理工作更加精细化、人性化。通过 5G 网络，将 4K 摄像头、传感器等设备采集的校园环境、人群、教学设备等信息传至智慧校园管理平台，利用人工智能、大数据等技术对采集到的信息进行全方位分析，并最终将分析结果投射到具体的学校管理服务工作当中，进一步实现校园智慧化运营管理。

例如,北京某大学采用 5G 智慧校园安防相关应用。360 度摄像机在巡逻过程中实时采集图片及视频数据,通过 5G 网络传送至监控平台,利用人脸识别进行分析,并与授权获取的校园数据库中的师生身份信息进行比对,精确区分人员身份,辨别陌生人及访客。

4.4.3 基于 AI QOE 的 5G 云 VR 教育应用方案

1. 行业技术需求

VR 技术能够在传统中小学教育中,为学生提供沉浸式学习体验。虚拟实境化的教学可增强学生对知识的理解度,亦可提供经济简便的虚拟化实验操作环境。

但是在 VR 教育引入 5G 技术之前,已进行的各种实践模式存在多种挑战。

(1) PC 机 VR 教学方式。该模式采用一台 PC 单机支持一路 VR 设备方式,须以有线方式连接 VR 设备,学生体验不佳。对学校来说,PC 硬件的采购、线路的设计和部署及日常维护工作繁重,且资源闲置时无法实现校间共享。

(2) 一体机 VR 教学方式。VR 教育内容直接在无线 VR 一体机上运行(基于手机处理器),虽解决了无线和移动性问题,但一体机自身运算能力弱,以致画面简陋,流畅度差。

(3) 云 VR 教育+宽带方式。该模式采用 VR 云平台部署,通过 FTTX 宽带连接教室,可实现无线轻量化 VR 设备教学,但普通宽带的带宽稳定性及时延抖动指标差,难以满足商用长期稳定运行的要求。

(4) 云 VR 教育+专线方式。该模式采用 VR 云平台部署,通过专线连接教室,可实现无线轻量化 VR 设备教学。专线带宽及时延性能优良,但部署工期长,且由于 VR 教学带宽要求很高(每个 VR 教室至少需 600 Mbit/s 的下行带宽),专线租用成本非常高昂。

2. 典型应用案例

虚拟现实是探索未来教育新模式中的重要一环。上海市某小学采用 5G+云 VR 教育方案构建了一个 VR 教育课堂,可支持全校 40 多个班级自然科学课程的 VR 教学授课。该方案结合了运营商的网络资源,某厂商 5G 网络设备、技术和商业云平台以及内容。

3. 解决方案特征

5G 云 VR 教育方案充分运用了 5G 网络大带宽及边缘云计算所带来的低时延的技术优势,实现了轻量化、无线化、易管理、可移动、可共享的 VR 教育服务模式。此外方案还集成了先进的基于 AI 技术的 QoE 保障方案,通过内容自动识别、带宽预测和 VR 用户体验实时评估等 AI 技术,实现了在 5G 网络多业务运行的环境下对 VR 教育用户流媒体体验的高效保障。

在靠近学校用户侧的边缘云机房部署 VR 教育云平台,并在平台上适配各种定制的 VR 教学课件。VR 云平台对 VR 教育内容进行实时渲染及转码后,以流媒体方式通过 5G 网络下行推送至教室内各学生的无线 VR 一体机上,实现 VR 教学。

考虑到需满足一个教室 VR 一体机的并发下行数据流要求,每路 VR 流均需保证下行以 60 Mbit/s 的平均速率分流投屏至显示器,同时满足 10 ms 左右的双向时延,以避免 VR 画面的延迟和缺损。5G 网络为实现这个要求,在 VR 教室内专门部署了 5G 小站提供信号覆盖,可满足 1 Gbit/s 以上的下行带宽要求;同时,将 VR 教育云平台就近部署于边缘云机房,以实现网络大流量卸载和双向的低时延交互。

VR 教室内根据学生规模布置无线 VR 一体机及一路显示器,在学习课程时轮流进行 VR 内容体验,每个学生一节课平均体验几种 VR 内容,每次若干分钟。

　　所有教室内 VR 设备的运行状态及课程播放均由任课教师通过移动端 App 对云 VR 教育平台进行远程控制。教师按授课需要选取相应的 VR 课件内容,VR 教育云平台收到指令后对该课件进行实时渲染计算并向学生的 VR 设备流化推送。这种方式既有效保证了课程进度,同时也实现了学生对 VR 设备使用的高度可控。

　　引入基于 AI 的内容自动识别、带宽预测和 VR 用户体验实时评估,能够实现对特定 VR 流媒体内容的 QoE 实时预测,AI 可预测 5G 网络带宽波动并反馈给 VR 云平台进行转码码率调整,从而保证稳定的用户体验。

4. 案例分析

(1) 从面向学校教学价值的角度

5G 云 VR 教育方案为学校提供了真正可持续化规模运行的 VR 教学模式。

① 硬件维护简单、可用性高。学校仅需对 VR 头戴设备等进行日常管理,维护难度及强度很小。VR 云平台配置冗余硬件资源以保障高可用度运行,硬件故障不影响学校课程的开展。

② 无线连接方式增强使用体验。每台 VR 头戴设备均以无线方式,通过 5G 网络从 VR 云平台获取运行内容,学生使用体验好。课堂整洁,线缆少,环境安全。

③ 无缝的内容更新升级。所有课件内容升级更新或新增课程的部署均于非上课时间在 VR 云平台上进行,故升级更新对教学安排无影响,学校亦无须提供人力进行配合,各 VR 教室可自动获取最新的课件内容。

④ 无须考虑硬件升级或兼容性。所有新引入的课件均预先在云平台上调试到最佳运行状态,再投放给各学校使用。由于渲染运算在云端进行,故校方无须顾虑运行效果或硬件兼容性问题,引入新课件也不会对学校有硬件升级的需求。

⑤ 软硬件资源共享。基于 VR 云平台部署的业务模式支持同一组软硬件资源被多个学校的 VR 教室共享,提高资源利用率同时降低使用成本。VR 云平台的软硬件资源可根据其支持的教学点数量及开课率的变化,进行按需平滑、扩容调整,而该过程不会对学校授课安排造成影响。

(2) 从技术价值的角度

5G 云 VR 教育方案通过 5G 网络＋AI QoE＋边缘计算部署,提供了云 VR 教育这种应用最适合的网络服务模式。

① 5G 网络。VR 的全景视频流及 3D 音效等传输都要消耗大量的数据流量,无法通过 4G 网络满足,而 5G 高带宽和低时延的特性更好地满足了 VR 业务需求。配合 5G 网络优化,可提供长期稳定的大带宽连接性能,满足 VR 教室中大量 VR 设备同时运行的带宽要求,同时具备一定的移动性。

② 边缘计算。本案例引入边缘计算(MEC)技术,使应用内容从核心网下沉到基站侧以便用户就近访问,可满足 VR 内容传送所需的低时延及高吞吐量指标。

③ QoE 优化。本案例引入 AI 技术,进行动态带宽预测,并指导 VR 云平台进行码率优化。在云端与终端之间引入人工智能技术,将降低应用对网络的依存度,通过人工智能技术根据网络环境自动调节显示质量,保证运行质量稳定。

〔课堂随笔〕

【重点串联】

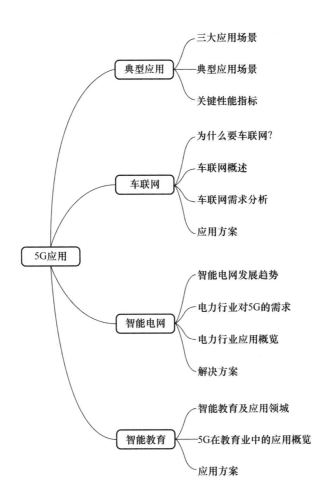

【基础训练】

1. 填空题

（1）ITU 为 5G 定义了_____、_____、_____三大应用场景。

（2）eMBB 典型应用的关键性能指标包括_____用户体验速率（热点场景可达 1 Gbit/s）、数_____峰值速率、每平方千米_____的流量密度、每小时 500 km 以上的移动性等。

（3）mMTC 的典型应用对_____要求较高，同时呈现行业多样性和差异化。

（4）uRLLC 的典型应用对_____极其敏感，高_____也是基本要求。

（5）_____、_____、_____、_____是当前 5G 与智能电网结合最紧密的四个应用领域，覆盖智能电网运营全流程。

（6）当前，5G 在教育中的应用主要体现在智慧教学、智慧校园两个细分应用领域。其中，智慧教学采用_____与_____播放，智慧校园采用_____与_____识别（安全监控）、信息_____与_____（教学与设备、宿舍管理、学生信息服务）。

2. 问答题

（1）简述高阶自动驾驶对网络性能的要求。

（2）简述电力行业对 5G 的需求。

模块 5　5G 基站工作原理与维护

【教学目标】

1. 知识目标

（1）掌握 5G 基站的工作原理；

（2）熟悉 5G 基站的数据配置；

（3）熟悉 5G 基站的日常维护及故障管理。

2. 技能目标

（1）能绘画出基站的安装图；

（2）能完成 5G 基站数据配置；

（3）能使用 LMT 维护系统进行故障排查、无线调试。

【课时建议】

14～24 课时

【基础知识】

项目 5.1　BBU

〔问题引入〕

1. 5G 基站由哪些单元组成？

2. 5G 基站的 BBU 有哪些主要单板？

3. BBU 有哪三个重要状态指示灯？

4. BBU 三个状态指示灯的颜色和闪烁情况怎样？

5.1.1　5G 基站概述

5G 当前支持多种站型，5G 基站硬件主要由机柜、BBU 和射频单元组成，如图 5-1-1 所示。基带单元（BBU）负责集中控制与管理整个基站系统，完成上下行基带处理，并提供与射频单元、传输网络的物理接口，完成信息交互。按照逻辑功能的不同，BBU 内部可划分为基带处理单元、主控单元、传输接口单元等。其中：主控单元主要实现基带单元的控制管理、信令处理、数据交换、系统时钟提供等功能；基带处理单元用于完成信号编码调制、资源调度、数据封装等基带协议处理，提供基带单元和射频单元间的接口；传输接口单元负责提供与核心网连接的传输接口。

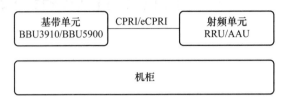

图 5-1-1　5G 基站硬件组成

射频单元(RRU/AAU)通过基带射频接口与 BBU 通信，完成基带信号与射频信号的转换，主要包括接口单元、下行信号处理单元、上行信号处理单元、功放单元、低噪放单元、双工器单元等，构成下行信号处理链路与上行信号处理链路。其中：接口单元提供与 BBU 之间的前传接口，接收和发送基带 IQ 信号，采用 CPRI 协议或 OBSAI 协议；下行信号处理单元完成信号上变频、数模转换、射频调制等信号处理；上行信号处理单元主要完成信号滤波、混频、模数转换、下变频等功能；功放及低噪放单元分别对下行及上行信号进行放大；双工器支持收发信号复用并对收发信号进行滤波。

5.1.2　BBU 硬件描述

1. BBU 的概述

典型 BBU 的外观如图 5-1-2 所示。

图 5-1-2　BBU 的外观

其槽位通常为 11 个，各类型单板在 BBU 槽位中的分布如图 5-1-3 所示。

Slot16 FAN	Slot0　USCU/UBBP	Slot1 USCU/UBBP	Slot18 UPEU
	Slot2 USCU/UBBP	Slot3 USCU/UBBP	
	Slot4 USCU/UBBP	Slot5 USCU/UBBP	Slot19 UPEU
	Slot6(主控)UMPT	Slot7(主控)UMPT	

图 5-1-3　BBU 槽位分布(不使用全宽板)

其参数规格如表 5-1-1 所示。

表 5-1-1   BBU5900 的参数规格

参数	规格
尺寸($H×W×D$)	86 mm×442 mm×310 mm
重量	≤18 kg（满配置）
输入电压	−38.4 V DC to −57 V DC
输入电流空开	双路输入，每路空开 30 A
工作温度	Long term：−20 ℃ to +55 ℃
工作湿度	5% RH to 95% RH
保护等级	IP20
最大散热能力	2 100 W

BBU 单板整配置原则如表 5-1-2 所示。

表 5-1-2   BBU 的单板配置原则

单板种类	单板名称	是否必配	最大配置数	槽位配置优先(优先级自左向右降低)
主控板	UMPT	是	2	Slot7＞Slot6
星卡板	USCU	否	1	Slot4＞Slot2＞Slot0＞Slot1＞Slot3＞Slot5
半宽基带板	UBBP（除 UBBPfw1）	是	6	Slot4＞Slot2＞Slot0＞Slot1＞Slot3＞Slot5
全宽基带板	UBBPfw1	是	3	Slot0＞Slot2＞Slot4
风扇板	FANf	是	1	Slot16
电源板	UPEUe	是	2	Slot19＞Slot18
环境监控权	UEIUb	否	1	Slot18

2. BBU 的原理和功能

BBU 为基带处理单元，主要完成基站基带信号的处理。BBU 由基带子系统、整机子系统、传输子系统、互联子系统、主控子系统、监控子系统和时钟子系统组成，各个子系统又由不同的单元模块组成，如表 5-1-3 所示。

表 5-1-3   BBU 的组成

子系统	单元模块
基带子系统	基带处理单元
整机子系统	背板、风扇、电源模块
传输子系统	主控传输单元
互联子系统	主控传输单元
主控子系统	主控传输单元
监控子系统	电源模块、监控单元
时钟子系统	主控传输单元、时钟星卡单元

BBU 的原理如图 5-1-4 所示。

BBU 的主要功能如下：

① 提供与传输设备、射频模块、USBa 设备、外部时钟源、LMT 或 U2020 连接的外部接

口,实现信号传输、基站软件自动升级、接收时钟以及 BBU 在 LMT 或 U2020 上的维护。

② 集中管理整个基站系统,完成上下行数据的处理、信令处理、资源管理和操作维护。

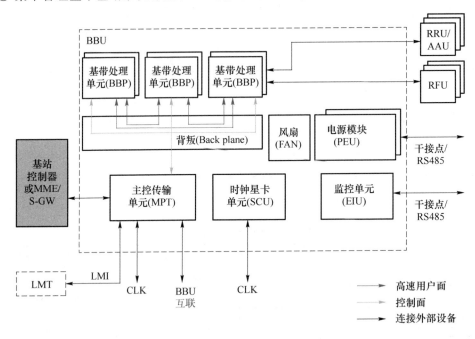

图 5-1-4 BBU 原理

3. BBU 的单板

BBU 的单板类型和适配单板如表 5-1-4 所示。

表 5-1-4 BBU 适配单板

单板类型	BBU 适配单板
主控传输板	UMPTb(UMPTb1/UMPTb2/UMPTb3/UMPTb9); UMPTe(UMPTe1/UMPTe2); UMPTg(UMPTg1/UMPTg2)
基带处理板	UBBPd(UBBPd1~UBBPd6/UBBPd9); UBBPe(UBBPe1~UBBPe4/UBBPe5/UBBPe6); UBBPg(UBBPg2/UBBPg2a/UBBPg3/UBBPg4); UBBPei; UBBPem; UBBPf1; UBBPfw1; UBBPex2; UBBPf3
星卡板	USCUb14/USCUb11
风扇模块	FANf
电源模块	UPEUe
环境监控单元	UEIUb

1）UMPT 单板

UMPT（Universal Main Processing & Transmission Unit）为通用主控传输单元。UMPT 面板外观如图 5-1-5、图 5-1-6 所示。其外观通过面板左下方的属性标签进行区分。

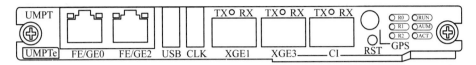

图 5-1-5   UMPTe 单板面板

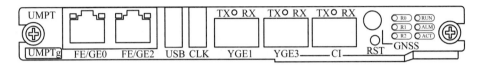

图 5-1-6   UMPTg 单板面板

UMPT 单板的主要功能：完成基站的配置管理、设备管理、性能监视、信令处理等；为 BBU 内其他单板提供信令处理和资源管理功能；提供 USB 接口、传输接口、维护接口，完成信号传输、软件自动升级，以及在 LMT 或 U2020 上维护 BBU 的功能。

UMPT 面板接口含义如表 5-1-5 所示。

表 5-1-5   UMPT 面板接口

面板标识	连接器类型	说明
UMPTb	DB26 母型连接器	E1/T1 信号传输接口
UMPTb UMPTe UMPTg	RJ45 连接器	FE/GE 电信号传输接口； 由于 UMPTe 的 FE/GE 电接口具备防雷功能，在室外机柜采用以太网电传输的场景下，无须配置 SLPU 防雷盒
UMPTb	SFP 母型连接器	FE/GE 光信号传输接口，最大传输速率为 1 000 Mbit/s
UMPTe	SFP 母型连接器	10GE 光信号传输接口，最大传输速率为 10 000 Mbit/s
UMPTg	SFP 母型连接器	25GE 光信号传输接口，最大传输速率为 25 000 Mbit/s
UMPTb/ UMPTe/UMPTg	SMA 连接器	UMPTb1、UMPTe1 上 GPS 接口预留； UMPTb2、UMPTe2 上 GPS 接口用于传输天线接收的射频信息给 GPS 星卡； UMPTg 上 GNSS 接口用于传输天线接收的射频信息给星卡
USBc	USB 连接器	可以插 U 盘对基站进行软件升级，同时与调试网口复用
CLK	USB 连接器	接收 TOD 信号； 时钟测试接口，用于输出时钟信号
CI	SFP 母型连接器	用于 BBU 互联或者与 USU 互联
RST		复位开关

UMPT 单板的 CI 接口规格如表 5-1-6 所示。

表 5-1-6　UMPT 单板的 CI 接口规格

单板名称	接口数量	接口协议	端口容量/(Gbit·s⁻¹)
UMPTb	1	1×SCPRI	1×2.5
UMPTe	1	1×SCPRI	1×2.5
		1×10GE	1×10
UMPTg	1	1×SCPRI	1×2.5
		1×10GE	1×10

2）UBBP 单板

UBBP（Universal Base Band Processing Unit）单板是通用基带处理板。UBBP 单板的类型很多，不同类型的单板可通过面板左下方的属性标签进行区分。gNodeB 包含 3 款基带单板，单板型号为 UBBPfw1、UBBPg2a 和 UBBPg3，面板外观如图 5-1-7、图 5-1-8 所示。

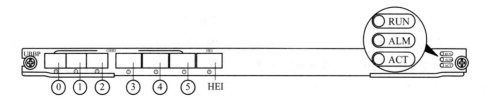

图 5-1-7　UBBPfw1 面板

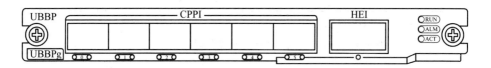

图 5-1-8　UBBPg2a/UBBPg3 面板

UBBP 单板的主要功能有：提供与射频模块通信的 CPRI 接口；完成上下行数据的基带处理；支持制式间基带资源重用，实现多制式并发。

UBBP 单板上的接口含义如表 5-1-7 所示。

表 5-1-7　UBBP 单板接口

单板名称	面板标识	连接器类型	接口数量	说明
UBBPg2a/UBBPg3	CPRI0～CPRI5	SFP 母型连接器	6	BBU 与射频模块互联的数据传输接口，支持光、电传输信号的输入、输出
UBBPfw1	CPRI0～CPRI2	SFP 母型连接器	3	BBU 与射频设备互联的数据传输接口，支持光传输信号的输入、输出
	CPRI3～CPRI5	QSFP 连接器	3	
	HEI	QSFP 连接器	1	基带互联接口，实现基带间数据通信

UBBP 单板支持的无线制式如表 5-1-8 所示。

表 5-1-8　UBBP 支持的无线制式

单板名称	单制式	多制式
UBBPfw1	LTE(TDD)/NR	—
UBBPg2a	UMTS/LTE(FDD)/LTE(TDD)/LTE(NB-IoT)/NR	UL 共基带/UM 共基带/LM 共基带/LT 共基带/TM 共基带/ULM 共基带
UBBPg3	UMTS/LTE(FDD)/LTE(TDD)/LTE(NB-IoT)/NR	UL 共基带/UM 共基带/LM 共基带/LT 共基带/TM 共基带/ULM 共基带/TN 共基带

UBBPfw1 单板支持的小区规格如表 5-1-9 所示。

表 5-1-9　UBBPfw1 支持的小区规格

单板名称	小区频谱类型	支持的天线配置
UBBPfw1	NR(TDD)-SUB6G	NR(TDD)-SUB6G:6×40 MHz/60 MHz/80 MHz/100 MHz 8T8R
		NR(TDD)-SUB6G:3×40 MHz/60 MHz/80 MHz/100 MHz 32T32R
		NR(TDD)-SUB6G:3×40 MHz/60 MHz/80MHz/100 MHz 64T64R
	NR(TDD)-SUB6G+SUL	NR(TDD)-SUB6G+SUL:3×40 MHz/60 MHz/80 MHz/100 MHz 32T32R+3×20 MHz 2R
		NR(TDD)-SUB6G+SUL:3×40 MHz/60 MHz/80 MHz/100 MHz 32T32R+3×20 MHz 4R
		NR(TDD)-SUB6G+SUL:3×40 MHz/60 MHz/80 MHz/100 MHz 64T64R+3×20 MHz 2R
		NR(TDD)-SUB6G+SUL:3×40 MHz/60 MHz/80 MHz/100 MHz 64T64R+3×20 MHz 4R

UBBPg2a 单板支持的小区规格如表 5-1-10 所示。

表 5-1-10　UBBPg2a 支持的小区规格

单板名称	小区频谱类型	支持的天线配置
UBBPg2a	NR(TDD)-SUB6G	3×20 MHz/30 MHz/40 MHz/50 MHz/60 MHz/70 MHz/80 MHz/90 MHz/100 MHz 8T8R
		3×20 MHz/30 MHz/40 MHz/50 MHz/60 MHz/70 MHz/80 MHz/90 MHz/100 MHz 32T32R
	NR(TDD)-SUB6G+NR(FDD)(SUL)	3×20 MHz/30 MHz/40 MHz/50 MHz/60 MHz/70 MHz/80 MHz/90 MHz/100 MHz 64T64R
		3×40 MHz/50 MHz/60 MHz/70 MHz/80 MHz/90 MHz/100 MHz 32T32R+3×10 MHz/15 MHz/20 MHz 2R/4R
		3×40 MHz/50 MHz/60 MHz/70 MHz/80 MHz/90 MHz/100 MHz 64T64R+3×10 MHz/15 MHz/20 MHz 2R/4R

UBBPg3 单板支持的小区规格如表 5-1-11 所示。

表 5-1-11　UBBPg3 支持的小区规格

单板名称	小区频谱类型	支持的天线配置
UBBPg3	NR(TDD)-SUB6G	6×A 8T8R
		3×(C+D) 32T32R
		3×(C+D) 64T64R
	NR(TDD)-SUB6G+ NR(FDD)(SUL)	3×(A+B) 32T32R+6×10 MHz/15 MHz/20 MHz　2R/4R
		3×(C+D) 32T32R+3×10 MHz/15 MHz/20 MHz　2R/4R
		3×(A+B) 64T64R+6×10 MHz/15 MHz/20 MHz　2R/4R
		3×(C+D) 64T64R+3×10 MHz/15 MHz/20 MHz　2R/4R

其中 A、B、C 和 D 表示载波带宽:20 MHz/30 MHz/40 MHz/50 MHz/60 MHz/70 MHz/80 MHz/90 MHz/100 MHz。

$A+B \leqslant 100$ MHz,$C+D \leqslant 140$ MHz。如果 A 或 B 与 NR(FDD)(SUL)小区绑定,则 A 或 B 的载波带宽必须大于等于 40 MHz。

$A+B \leqslant 100$ MHz 时,不支持 30+70,50+50 两种混配。

$C+D \leqslant 140$ MHz 时,不支持 70+70,50+90 两种混配。

3) UPEUe 单板

UPEUe(Universal Power and Environment Interface Unit Type e)是通用电源环境接口单元。UPEUe 外观如图 5-1-9 所示。

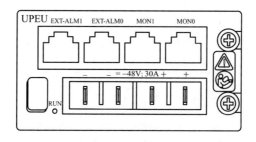

图 5-1-9　UPEUe 面板

UPEUe 的主要功能有:UPEUe 用于将 -48 V 的直流电源输入转换为 +12 V 的直流电源;提供 2 路 RS485 信号接口和 8 路开关量信号接口,开关量输入只支持干接点和 OC(Open Collector)输入。

UPEUe 面板接口的含义如表 5-1-12 所示。

表 5-1-12　UPEUe 的面板接口

面板标识	连接器类型	说明
"−48V;30A"ª	HDEPC 连接器	−48 V 直流电源输入
EXT-ALM0	RJ45 连接器	0~3 号开关量信号输入端口
EXT-ALM1	RJ45 连接器	4~7 号开关量信号输入端口
MON0	RJ45 连接器	0 号 RS485 信号输入端口
MON1	RJ45 连接器	1 号 RS485 信号输入端口

a:丝印的呈现格式是"A;B",A 表示额定电压,B 表示额定电流。例如"−48 V;8A"。

4）UEIUb 单板

UEIUb（Universal Environment Interface Unit Type b）是环境监控单元。UEIUb 面板如图 5-1-10 所示。

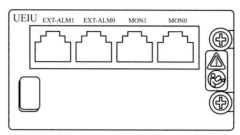

图 5-1-10　UEIUb 面板

UEIUb 的主要功能有：提供 2 路 RS485 信号接口和 8 路开关量信号接口，开关量输入只支持干接点和 OC 输入；将环境监控设备信息和告警信息上报给主控板。

UEIUb 面板接口的含义如下表 5-1-13 所示。

表 5-1-13　UEIUb 面板接口

面板标识	连接器类型	接口数量	说明
EXT-ALM0	RJ45 连接器	1	0～3 号开关量信号输入端口
EXT-ALM1	RJ45 连接器	1	4～7 号开关量信号输入端口
MON0	RJ45 连接器	1	0 号 RS485 信号输入端口
MON1	RJ45 连接器	1	1 号 RS485 信号输入端口

5）USCU 单板

USCU（Universal Satellite Card and Clock Unit）为通用星卡时钟单元。

USCU 单板的外观如图 5-1-11 所示。USCUb11、USCUb14 面板外观一样，通过面板左下方"USCUb11""USCUb14"的属性标签进行区分。

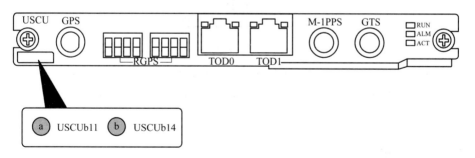

图 5-1-11　USCU 面板

USCU 单板的规格如表 5-1-14 所示。

表 5-1-14　USCU 单板规格

单板名称	支持的制式	支持的星卡
USCUb11	LTE/NR	无
USCUb14	GSM/UMTS/LTE/NR	UBLOX 单星卡

USCU 的主要功能有:USCUb11 提供与外界 RGPS(如客户利旧设备)和 BITS 设备的接口,不支持 GPS。USCUb14 单板含 UBLOX 单星卡,不支持 RGPS。

USCU 面板接口说明如表 5-1-15 所示。

表 5-1-15　USCU 面板接口

面板标识	连接器类型	说明
GPS	SMA 连接器	USCUb14:GPS 接口用于接收 GPS 信号 USCUb11:GPS 接口预留,无法接收 GPS 信号
RGPS	PCB 焊接型接线端子	USCUb14:GPS 接口用于接收 GPS 信号 USCUb11:GPS 接口预留,无法接收 GPS 信号
TOD0	RJ45 连接器	接收或发送 1PPS+TOD 信号
TOD1	RJ45 连接器	接收或发送 1PPS+TOD 信号,接收 M1000 的 TOD 信号
BITS	SMA 连接器	接 BITS 时钟,支持 2.048 MHz 和 10 MHz 时钟参考源自适应输入
M-1PPS	SMA 连接器	接收 M1000 的 1PPS 信号

6) FANf 单板

FANf 是 BBU 的风扇模块。FANf 的外观如图 5-1-12 所示。

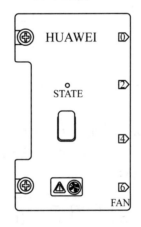

图 5-1-12　FANf 面板

FANf 模块的主要功能有:为 BBU 内其他单板提供散热功能;控制风扇转速和监控风扇温度,并向主控板上报风扇状态、风扇温度值和风扇在位信号。FANf 模块支持电子标签读写功能。

5.1.3　BBU 单板的指示灯

1. 状态指示灯

本节介绍 BBU 单板上用于指示 BBU 单板运行状态的指示灯及其含义。BBU 单板上的状态指示灯如图 5-1-13、图 5-1-14、图 5-1-15 所示,指示灯说明如表 5-1-16 所示。

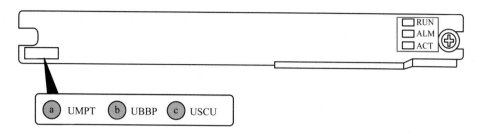

图 5-1-13　UMPT、UBBP、USCU 的状态指示灯

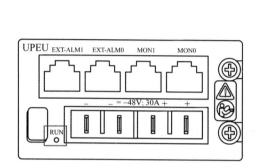

图 5-1-14　UPEU 的状态指示灯

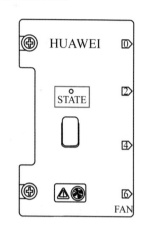

图 5-1-15　FAN 的状态指示灯

表 5-1-16　状态指示灯含义

面板标识	颜色	状态	说明
RUN	绿色	常亮	有电源输入,单板存在故障
		常灭	无电源输入或单板处于故障状态
		闪烁(1 s 亮,1 s 灭)	单板正常运行
		闪烁(0.125 s 亮,0.125 s 灭)	单板正在加载软件或数据配置 单板未开工
ALM	红色	常亮	有告警,需要更换单板
		常灭	无故障
		闪烁(1 s 亮,1 s 灭)	有告警,不能确定是否需要更换单板
ACT	绿色	常亮	主控板:主用状态 其他非主控板:单板处于激活状态,正在提供服务
		常灭	主控板:非主用状态 非主控板:单板没有激活或单板没有提供服务
		闪烁(0.125 s 亮,0.125 s 灭)	主控板:OML(Operation and Maintenance Link)断链 其他非主控板:不涉及
		闪烁(1 s 亮,1 s 灭)	支持 UMTS 单模的 UMPT、含 UMTS 制式的多模共主控 UMPT:测试状态,例如,U 盘进行射频模块驻波测试 其他单板:不涉及

面板标识	颜色	状态	说明
ACT	绿色	闪烁(以 4 s 为周期,前 2 s 内,0.125 s 亮,0.125 s 灭,重复 8 次后常灭 2 s)	支持 LTE 单模的 UMPT、含 LTE 制式的多模共主控 UMPT:未激活该单板所在框配置的所有小区;S1 链路异常 其他单板:不涉及
RUN	绿色	常亮	正常工作
		常灭	无电源输入或单板故障
STATE	红绿双色	绿灯闪烁(0.125 s 亮,0.125 s 灭)	模块尚未注册,无告警
		绿灯闪烁(1 s 亮,1 s 灭)	模块正常运行
		红灯闪烁(1 s 亮,1 s 灭)	模块有告警
		常灭	无电源输入

2. 接口指示灯

FE/GE 接口指示灯位于主控板上,在 UMPTb 上这些指示灯在单板上没有丝印显示,它们分布在 FE/GE 电口或 FE/GE 光口的两侧或接口上方。如图 5-1-16、图 5-1-17 所示。

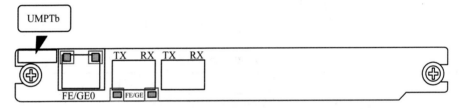

图 5-1-16 UMPTb 的 FE/GE 接口指示灯

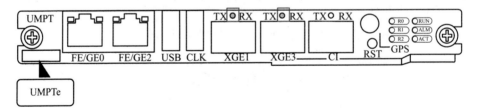

图 5-1-17 UMPTe 的 FE/GE 接口指示灯

FE/GE 接口链路指示灯具体含义如表 5-1-17 所示。

表 5-1-17 FE/GE 接口链路指示灯的含义

指示灯名称	颜色	状态	含义
LINK	绿色	常亮	连接成功
		常灭	没有连接
ACT	橙色	闪烁	有数据收发
		常灭	无数据收发

指示灯名称	颜色	状态	含义
TX RX	红绿双色	绿灯常亮	以太网链路正常
		红灯常亮	光模块收发异常
		红灯闪烁(1 s 亮,1 s 灭)	以太网协商异常
		常灭	SFP 模块不在位或者光模块电源下电

3. E1/T1 接口指示灯

E1/T1 接口指示灯位于 E1/T1 接口旁边,如图 5-1-18 所示。

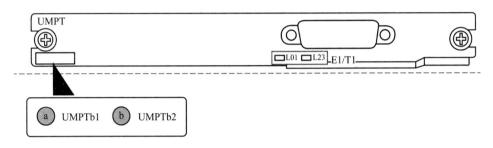

图 5-1-18　E1/T1 接口指示灯

E1/T1 接口指示灯用于指示 E1/T1 接口链路的状态,具体含义如下表 5-1-18 所示。

表 5-1-18　E1/T1 接口指示灯含义

面板标识	颜色	状态	含义
Lxy(x、y 代表丝印上的数字)	红绿双色	常灭	x 号、y 号 E1/T1 链路未连接或存在 LOS 告警
		绿灯常亮	x 号、y 号 E1/T1 链路连接工作正常
		绿灯闪烁(1 s 亮,1 s 灭)	x 号 E1/T1 链路连接正常,y 号 E1/T1 链路未连接或存在 LOS 告警
		绿灯闪烁(0.125 s 亮,0.125 s 灭)	y 号 E1/T1 链路连接正常,x 号 E1/T1 链路未连接或存在 LOS 告警
		红灯常亮	x 号、y 号 E1/T1 链路均存在告警
		红灯闪烁(1 s 亮,1 s 灭)	x 号 E1/T1 链路存在告警
		红灯闪烁(0.125 s 亮,0.125 s 灭)	y 号 E1/T1 链路存在告警

4. CPRI 接口指示灯

CPRI 接口指示灯位置如图 5-1-19 所示。

CPRI 接口指示灯用于指示 CPRI 接口的连接状态,具体含义如表 5-1-19 所示。

UBBPg 单板的 CPRI 接口下方有两个指示灯。

当 UBBPg 使用 DSFP 光模块时,两个指示灯分别用于指示左右两个通道的 CPRI 传输状态,每个指示灯的状态和含义如表 5-1-19 所示。

当 UBBPg 使用 SFP 光模块时,左侧指示灯用于指示 CPRI 的传输状态,指示灯状态含义如表 5-1-19 所示,右侧指示灯常灭。

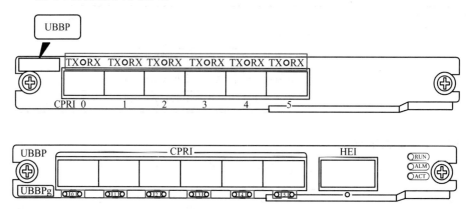

图 5-1-19　CPRI 接口指示灯位置

表 5-1-19　CPRI 接口指示灯含义

面板丝印	颜色	状态	含义
TX RX	红绿双色	绿灯常亮	CPRI 链路正常
		红灯常亮	光模块收发异常,可能原因: • 光模块故障 • 光纤折断
		红灯闪烁(0.125 s 亮,0.125 s 灭)	CPRI 链路上的射频模块存在硬件故障
		红灯闪烁(1 s 亮,1 s 灭)	CPRI 失锁,可能原因: • 双模时钟互锁失败 • CPRI 接口速率不匹配 • 主控板上使用 U 盘进行驻波测试时,CPRI 链路上的射频模块存在驻波告警(仅针对工作在 UMTS 下的基带板)
		常灭	光模块不在位 CPRI 电缆未连接

5. 互联接口指示灯

互联接口指示灯位于互联接口上方或下方,如图 5-1-20 所示。

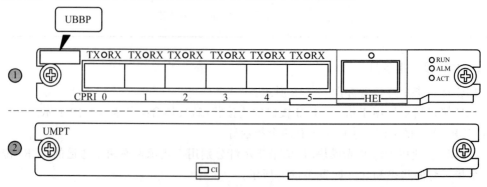

图 5-1-20　互联接口指示灯位置

互联接口指示灯用于指示互联接口的连接状态,具体含义如表 5-1-20 所示。

表 5-1-20　互联接口指示灯含义

图例	面板标识	颜色	状态	含义
图①	HEI	红绿双色	绿灯常亮	互联链路正常
			红灯常亮	光模块收发异常,可能原因: • 光模块故障 • 光纤折断
			红灯闪烁 (1 s 亮,1 s 灭)	互联链路失锁,可能原因: • 互联的两个 BBU 之间时钟互锁失败 • QSFP 接口速率不匹配
			常灭	光模块不在位
图②	CI	红绿双色	绿灯常亮	互联链路正常

6. TOD 接口指示灯

TOD 接口指示灯位于 USCU 单板上的 TOD 接口两侧,如图 5-1-21 所示。

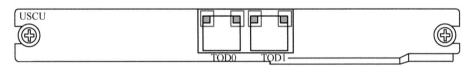

图 5-1-21　TOD 接口指示灯位置

TOD 接口指示灯的含义如表 5-1-21 所示。

表 5-1-21　TOD 接口指示灯含义

面板标识	颜色	状态	含义
TODn(n 表示接口丝印上的数字)	绿色	常亮	接口配置为输入
	橙色	常亮	接口配置为输出

7. 制式指示灯

制式指示灯位置如图 5-1-22 所示,含义如表 5-1-22 所示。

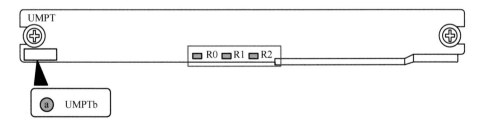

图 5-1-22　制式指示灯

表 5-1-22　制式指示灯含义

面板标识	颜色	状态	含义
R0	红绿双色	常灭	单板没有工作在 GSM 制式
		绿灯常亮	单板有工作在 GSM 制式
		绿灯闪烁(2 s 亮,2 s 灭)	单板有工作在 NR 制式
R1	红绿双色	常灭	单板没有工作在 UMTS 制式
		绿灯常亮	单板有工作在 UMTS 制式
R2	红绿双色	常灭	单板没有工作在 LTE 制式
		绿灯常亮	单板有工作在 LTE 制式

{课堂随笔}

项目 5.2　AAU

【问题引入】

1. 作为 5G 基站的重要组成部分,AAU 由哪几个部分组成? 各部分的作用是什么?

2. AAU 有哪些接口?

5.2.1　AAU 的结构

到了 5G 时代,接入网又发生了很大的变化。在 5G 网络中,接入网不再由 BBU、RRU、天线组成,而是被重构为以下 3 个功能实体:CU(Centralized Unit,集中单元)、DU(Distribute Unit,分布单元)、AAU(Active Antenna Unit,有源天线单元)。

CU:原 BBU 的非实时部分被分割出来,重新定义为 CU,负责处理非实时协议和服务。DU:BBU 的剩余功能被重新定义为 DU,负责处理物理层协议和实时服务。AAU:BBU 的部分物理层处理功能与原 RRU 及无源天线合并为 AAU。简单来说,AAU=RRU+天线。

1. AAU 的逻辑结构

AAU 是天线和射频单元集成一体化的模块,主要功能模块包括 AU(Antenna Unit,天线单元)、RU(Radio Unit,射频单元)、电源模块和 L1(物理层)处理单元。AAU 的逻辑结构如图 5-2-1 所示。

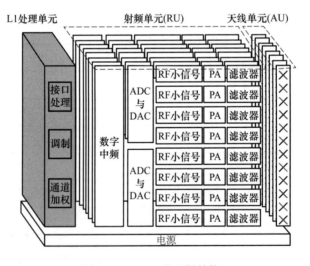

图 5-2-1　AAU 的逻辑结构

2. AAU 各部分的作用

(1) AU 的作用

AU 采用通常采用 8×12 阵列,支持 96 个双极化振子,完成无线电波的发射与接收。

(2) RU 的作用

RU 的作用如下:接收通道对射频信号进行下变频、放大、模数转换(使用 ADC,即 Analog

to Digital Converter)及数字中频处理;发射通道完成下行信号滤波、数模转换(使用 DAC,即 Digital-to-Analog Converter)、上变频、模拟信号放大处理;完成上下行射频通道相位校正;提供防护及滤波功能。

(3)电源模块的作用

电源模块用于向 AU 和 RU 提供工作电压。

(4)L1 处理单元的作用

L1 处理单元的作用如下:完成物理层上下行处理;完成通道加权;提供 eCPRI 接口,实现 eCPRI 信号的汇聚与分发。

5.2.2　AAU 的类型

AAU 的类型如表 5-2-1 所示。

表 5-2-1　AAU 的类型

名称	TX/RX	频段/MHz	输出功率	制式	典型功耗
AAU5614	64T64R	2 600(N41)			
AAU5613	64T64R	3 500(N78)	200 W	NR、LTE(TDD)、TN	2×100 M:921 W
		3 700(N78)			1×100 M:881 W
AAU5612	64T64R	3 500(N78)	200 W	NR	739 W
		3 700(N78)			
AAU5313	32T32R	3 500(N78)	200 W	NR	796 W
AAU5319	32T32R	2 600	160 W	TDL/NR/TN	790 W
AAU5619	64T64R	2 600	240 W	TDL/NR/TN	970 W

5.2.3　典型 AAU 的外观

典型 AAU 的外观如图 5-2-2 所示。

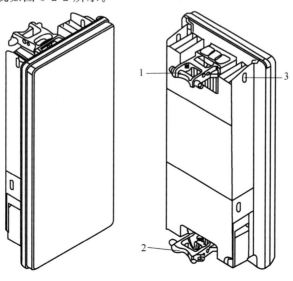

图 5-2-2　典型 AAU 的外观

在图 5-2-2 中:1 为安装件,是安装时的上把手 ;2 也为安装件,是安装时的下把手;3 为加固孔,是防掉落的安全加固孔。

5.2.4　典型 AAU 的接口与指示灯

典型 AAU 的物理接口与指示灯如图 5-2-3 所示。

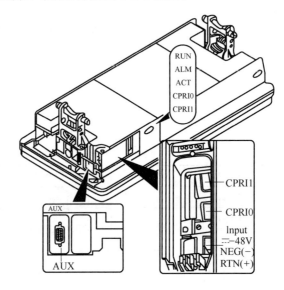

图 5-2-3　AAU 的物理接口与指示灯

1. 典型 AAU 的接口

典型 AAU 的物理接口说明如表 5-2-2 所示。

表 5-2-2　AAU 的物理接口

项目	接口标识	说明
1	CPRI1	光接口 1,速率为 10.312 5 Gbit/s 或 25.781 25 Gbit/s。安装光纤时需要在光接口上插入光模块
2	CPRI0	光接口 0,速率为 10.312 5 Gbit/s 或 25.781 25 Gbit/s。安装光纤时需要在光接口上插入光模块
3	Input	－48 V 直流电源接口
4	AUX	AISU(Antenna Information Sensor Unit)模块接口,承载 AISG 信号

2. AAU 的指示灯

AAU 的指示灯说明如表 5-2-3 所示。

表 5-2-3　AAU 的指示灯

标识	颜色	状态	含义
RUN	绿色	常亮	有电源输入,模块故障
		常灭	无电源输入,或者模块故障
		慢闪(1 s 亮,1 s 灭)	模块正常运行

续 表

标识	颜色	状态	含义
RUN	绿色	快闪(0.125 s 亮,0.125 s 灭)	模块正在加载软件或者模块未运行
ALM	红色	常亮	告警状态,需要更换模块
		慢闪(1 s 亮,1 s 灭)	告警状态,不能确定是否需要更换模块,可能是相关模块或接口等故障引起的告警
		常灭	无告警
ACT	绿色	常亮	工作正常(发射通道打开或软件在未开工状态下进行加载)
		慢闪(1 s 亮,1 s 灭)	模块运行(发射通道关闭)
CPRI0 CPRI1	红绿双色	绿灯常亮	CPRI(Common Public Radio Interface)链路正常
		红灯常亮	光模块收发异常(可能原因:光模块故障、光纤折断等)
		红灯慢闪(1 s 亮,1 s 灭)	CPRI 链路失锁(可能原因:双模时钟互锁问题、CPRI 接口速率不匹配等) 处理建议:检查系统配置
		常灭	光模块不在位或光模块电源下电

{课堂随笔}

_____

_____

_____

_____

_____

_____

_____

_____

_____

_____

_____

_____

_____

_____

_____

项目 5.3　AAU 硬件维护

{问题引入}

1. 作为 5G 基站的重要组成部分,对 AAU 的例行维护项目有哪些?
2. 简述 AAU 上电和下电的步骤。
3. 如何完成 AAU 的更换操作?
4. 如何完成 AAU 光模板的更换操作?
5. 如何调节天线的机械下倾角?

5.3.1　例行硬件维护项目

本节重点介绍 AAU 设备的例行硬件维护项目以及注意事项。

对 AAU 进行预防性维护,能提高 AAU 的运行稳定性。推荐预防性维护周期为 1 年。

注意: 在高处作业时,防止高空坠物,高空坠物可能引起人员重伤甚至死亡,维护人员进入作业区须一直佩戴头盔并避免站在危险区内;当在塔上进行更换 AAU 等操作时,若无安全操作空间,则需要将 AAU 整体吊装至地面再进行维护操作;在射频模块和天馈之间,如果需要外接其他设备,则要在射频模块下电的情况下进行安装,外接设备安装完毕后再对射频模块上电,以免造成人身伤害,同时损坏射频设备;设备的预防性维护不是强制的,但是强烈推荐进行维护。

设备预防性维护项目如表 5-3-1 所示。

表 5-3-1　设备预防性维护项目列表

序号	检查项目
1	AAU 均安装牢固且未遭破坏
2	所有电源线均未磨损、切割和破损
3	所有电源线连接器均保持完好
4	所有电源线导管均保持完好
5	所有电源线的屏蔽情况良好
6	所有电源线的密封情况良好
7	(可选)所有 RU 均安装牢固且未遭破坏
8	(可选)所有射频线均未磨损、切割和破损
9	(可选)所有射频线缆连接器均密封良好
10	(可选)所有射频线缆导管均保持完好
11	所有 CPRI 光纤线缆均未磨损、切割和破损
12	维护腔盖板的盖板螺钉紧固
13	所有电调线缆(选配)均未磨损、切割和破损
14	所有电调线缆(选配)的连接器均密封良好
15	(可选)告警线缆(选配)安装到位且未遭破坏

5.3.2　AAU 上电和下电

AAU 上电时,需要检查 AAU 的供电电压和指示灯的状态。AAU 下电时,根据现场情况,可采取常规下电或紧急下电。

1. AAU 上电

本节介绍 AAU 上电的注意事项和操作流程。

注意:打开 AAU 包装后,24 h 内必须上电;后期维护,下电时间不能超过 24 h;AAU 上电后天线正常工作,确保人员与 AAU 正面方向保持一定距离,具体数值请参考对应的 AAU 安装指南。

AAU 上电流程如图 5-3-1 所示。

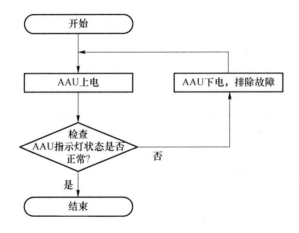

图 5-3-1　AAU 上电流程

操作步骤如下。

① 将 AAU 配套电源设备上对应的空开开关置为"ON"或者插上对应的电源端子,给 AAU 上电。

② 等待 3~5 min 后,查看 AAU 模块指示灯的状态。当 AAU 模块正常工作时,RUN 指示灯 1 s 亮,1 s 灭,ALM 指示灯常灭。

③ 根据指示灯的状态,进行下一步操作。如 AAU 运行正常,则上电结束。如 AAU 发生故障,则将配套电源设备上对应的空开开关设置为"OFF"或者拔下对应的电源端子,排除故障后再给 AAU 上电。

2. AAU 下电

AAU 下电有两种情况:常规下电和紧急下电。在设备搬迁、可预知的区域性停电等情况下,需要对 AAU 进行常规下电;机房发生火灾、烟雾、水浸等现象时,需要对设备紧急下电。

1) 常规下电的操作步骤如下。

常规下电是将 AAU 配套电源设备上对应的空开开关置为"OFF"或者拔下对应的电源端子。

2) 紧急下电的操作步骤如下。

① 关闭 AAU 配套电源设备的外部输入电源。

② 如果时间允许,再将 AAU 配套电源设备上对应的空开开关置为"OFF"或者拔下对应

的电源端子。

注意:紧急下电可能导致 AAU 损坏,非紧急情况下请勿使用此下电方法。

5.3.3　更换 AAU 前的准备工作

本节重点介绍更换 AAU、RU、RRU、AU、RCU、合路器等部件前进行的相关准备工作,包括闭塞 AAU、清除 RU/RRU 的最大输出功率锁定、闭塞 RU/RRU 及 AAU 下电。

1. 前提条件

更换故障 AAU/AU/RU/RRU 时,已确认故障 AAU/AU/RU/RRU 类型,具体操作如下。

如果模块可在线查询,则在 LMT 上执行命令,在线查询模块电子标签,从命令查询中获取"类型"和"描述"字段信息,明确待更换模块类型:

单板配置在 GSM 侧,执行 MML 命令 DSP BTSELABEL;

单板配置在 UMTS 侧,执行命令 DSP BRDMFRINFO;

单板配置在 LTE 侧,执行 MML 命令 DSP BRDMFRINFO;

单板配置在 NR 侧,执行 MML 命令 DSP BRDMFRINFO。

如果单板不可在线查询,则在 U2020 上离线查询模块信息,具体操作请参见查存量数据。

2. 操作步骤

(1)(可选)　若待更换的 RU/RRU 没有故障,只是作为备件替换,需要查询待更 RU/RRU 的发射通道硬件最大输出功率是否设置了锁定,如有设置功率锁定,则需要清除后进入备件库。

说明:更换故障的 RU/RRU 或者更换 AU 时,无须处理待更换模块的发射通道硬件最大输出功率锁定,转步骤(2)。

1) 查询 RU/RRU 有无设置最大输出功率锁定。

① 在 UMTS/LTE 制式下,通过 LMT 执行 MML 命令 DSP RRU,查询 RU/RRU 发射通道硬件最大输出功率。

② 在 GSM 制式下,登录 SMT。在"基站终端维护系统"窗口左边的导航窗口中选择"Site",在右边浏览窗口中双击"锁定 RXU 的业务能力",弹出"锁定 RXU 的业务能力"窗口,选择"查询"页签,选择对应的 RU/RRU 进行查询。

③ 在 GSM 制式下,登录 LMT。执行 MML 命令 DSP BTSBRD,单击"辅助";将"信息类型"设为"RUNPARA(运行参数)",根据选择的"索引类型"填写"基站索引"或"基站名称";将"单板类型"设为"RXU(RXU 单板)",根据需要填写"RXU 单板索引类型"等参数后,单击"执行";查看"发射通道硬件最大输出功率"和"发射通道最大输出功率"。如果已设置发射通道硬件最大输出功率锁定,则执行下面的步骤 2)。如果未设置发射通道硬件最大输出功率锁定,则执行步骤(2)。

2) 设置 RU/RRU 的最大输出功率为 0,清除发射通道硬件最大输出功率锁定。

① 在 UMTS/LTE 制式下,通过 LMT 执行 MML 命令 LOC RRUTC,清除发射通道硬件最大输出功率锁定。

② 在 GSM 制式下,登录 SMT。在"基站终端维护系统"窗口左边的导航窗口中选择"Site",在右边浏览窗口中双击"锁定 RXU 的业务能力",弹出"锁定 RXU 的业务能力"窗口,

选择"设置"页签,选择对应的 RU/RRU 进行设置。

③ 在 GSM 制式下,登录 LMT。执行 MML 命令 LOC BTSRXUTC,单击"辅助",清除最大输出功率锁定,然后单击"执行"。

说明:如果有多个 RU/RRU,需要对每个 RU/RRU 的发射通道进行设置。

(2)通知 U2020 管理员,闭塞对应的 AAU/RU/RRU 模块。

① 在 GSM 制式下,在 BSC 上执行 MML 命令 SET GTRXADMSTAT,将"ADMSTAT"参数值修改为"LOCK",闭塞对应 AAU/RU/RRU 的载频。

② 在 UMTS 制式下,在 NodeB 上执行 MML 命令 BLK BRD,闭塞对应的 AAU/RU/RRU 模块。

③ 在 LTE 制式下,在 eNodeB 上执行 MML 命令 BLK BRD,闭塞对应的 AAU/RU/RRU 模块。

④ 在 NR 制式下,在 gNodeB 上执行 MML 命令 BLK BRD,闭塞对应的 AAU 模块。

(3)佩戴防静电腕带或防静电手套。

注意:操作时请确保正确的 ESD 防护措施,如佩戴防静电腕带或手套,以避免单板、模块或电子部件遭到静电损害。

(4)将 AAU/RU/RRU 下电。

5.3.4 更换 AAU

当 AAU 硬件故障时,需要更换 AAU,更换将导致该 AAU 所承载的业务完全中断并出现告警。

1. 前提条件

准备好工具和材料,即防静电腕带或手套、内六角扳手、十字螺丝刀、力矩螺丝刀、防静电盒或防静电袋;确认新的部件无损坏,且其硬件版本与待更换部件一致。

2. 操作步骤

(1)佩戴防静电腕带或防静电手套。

(2)通知 U2020 管理员,执行 MML 命令 BLK BRD,闭塞对应的 AAU。

(3)将 AAU 下电。

(4)拆卸故障 AAU 的线缆。拆卸步骤如下:

① 使用 M4 十字螺丝刀将维护腔上的锁定螺钉逆时针旋转 90 度至解锁位置,打开维护腔;

② 记录 AAU 上线缆连接位置后,拆除所有线缆,包括电源线、CPRI 光纤和保护地线;

③ 用 M6 十字螺丝刀将维护腔上的锁定螺钉顺时针旋转 90 度至锁定位置。

(5)拆卸故障 AAU。拆卸步骤如下:

① 使用 M4 十字螺丝刀(螺丝刀长度小于 150 mm)拧松卡扣上的十字螺丝,如图 5-3-2 中的 a 所示,将卡扣旋转到安装件上,使用力矩螺丝刀拧松主扣件上方的紧固螺栓,如图 5-3-2 中的 b 所示;

② 双手取下 AAU 模块,如图 5-3-2 中的 c 所示。

(6)吊装及安装新的 AAU 及其安装件。

(7)插上与 AAU 连接的所有线缆。

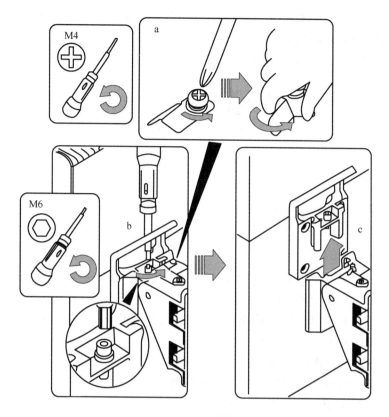

5-3-2 AAU拆卸

（8）给AAU上电。

（9）根据AAU指示灯状态,判断新的AAU是否正常工作。

（10）取下防静电腕带或防静电手套,收好工具。

（11）执行MML命令UBL BRD,解闭塞对应的AAU。

（12）通知远端工程师已完成AAU更换。

3. 后续处理

（1）将更换下来的部件放入防静电包装袋,再放入垫有填充泡沫的纸板盒中(可使用新部件的包装)。

（2）填写故障卡,记录更换下的部件信息。

（3）与公司当地办事处联系,处理可能已经故障的部件。

5.3.5 更换AAU光模块

更换光模块需要拆卸光纤,将导致CPRI信号传输中断。

1. 前提条件

已确认故障光模块类型,具体操作如下:

（1）在BSC上执行MML命令DSP BTSOPTMODULE;

（2）在NodeB上执行MML命令DSP OPTMODULE;

（3）在eNodeB/gNodeB上执行MML命令DSP SFP。

从命令中获取"速率""波长"和"传输模式"字段,明确光模块类型,根据新光模块标签上的信息,准备好相同类型的光模块。光模块标签上的信息显示如图 5-3-3 所示,其中,1 为光模块的最高速率,2 为模板的波长,3 为传输模式。

图 5-3-3　光模块标签

注意:确认需要更换的光模块的型号、数量,准备好各种类型的光模块;准备好工具和材料,如防静电手套、防静电盒/防静电袋等。

2. 背景信息

(1) 光模块安装在 AAU 的 RX TX CPRI0 或 RX TX CPRI1 接口上。

(2) 在 CPRI 端口不变的情况下,光模块、光纤或者电缆支持热插拔。

(3) 在 CPRI 端口变更的情况下,插拔光模块、光纤或者电缆需要按照如下方式手工复位 AAU 才能保证业务正常:

① 在 GBTS 基站侧执行 MML 命令 RST BTSBRD,复位 AAU;

② 在 NodeB/eNodeB/eGBTS/gNodeB 基站侧执行 MML 命令 RST BRD,复位 AAU。

(4) 更换 AAU 光模块所需要的时间约为 5 min,包括拆卸光纤和光模块、插入新的光模块、连接光纤到光模块和 CPRI 链路恢复正常所需要的时间。

3. 操作步骤

(1) 佩戴防静电腕带或防静电手套。

(2) 记录故障光模块和光纤的连接位置。

(3) 维护光纤。

注意:从光模块中拔出光纤后,不要直视光模块,以免灼伤眼睛。

维护 DLC 时,应先按下光纤连接器上的突起部分,再将连接器从故障光模块中拔下,如图 5-3-4 所示。

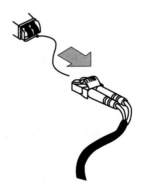

图 5-3-4　维护 DLC

如需维护 MPO,可按住 MPO 光纤连接器上的彩色部分,将连接器从故障光模块中拔下,如图 5-3-5 所示。

图 5-3-5　维护 MPO

（4）维护光模块。

维护 SFP：将故障光模块上的拉环往下翻，将光模块拉出槽位，从 AAU 上拆下。

维护 QSFP：拉拽手柄，拔出 QSFP 光模块和光纤，如图 5-3-6 所示。

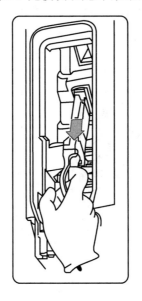

图 5-3-6　拆卸 QSFP 光模块和线缆

（5）根据光模块上的标签，将新的光模块安装到 AAU 上。

说明：要更换的光模块（待安装光模块）应与将要对应安装的 CPRI 接口速率匹配。

（6）将光纤插头插入到新的光模块上。

（7）根据指示灯 CPRI0 和 CPRI1 的状态，判断 CPRI 信号传输是否恢复正常。指示灯的状态含义请参见 5.2.4 节。

（8）取下防静电腕带或防静电手套，收好工具。

4. 后续处理

（1）将更换下来的部件放入防静电包装袋，再放入垫有填充泡沫的纸板盒中（可使用新部

157

件的包装)。

(2) 填写故障卡,记录更换下的部件信息。

(3) 与公司当地办事处联系,处理可能已经故障的部件。

5.3.6 调节天线机械下倾角

本节主要介绍调节 AAU 天线机械下倾角的操作步骤和注意事项。

1. 背景信息

抱杆安装场景的主扣件发货时默认调节角度为 0°,可根据安装件侧面的刻度盘进行俯仰角的调节。

2. 操作步骤

(1) 调节 AAU 的安装角度,如图 5-3-7 和图 5-3-8 所示。图中的 a 为水平调角螺钉,b 为垂直调角螺钉。

① 调节水平角度:用 M10 内六角螺丝刀松掉 AAU 调角转接件顶部的 1 颗调角螺钉,手扶 AAU,水平方向上调节至合适角度并拧紧 AAU 顶部的调角螺钉。

② 调节垂直角度:用 M10 内六角螺丝刀松掉 AAU 调角安装件顶部的 1 颗调角螺钉,手扶 AAU,垂直方向上调节至合适角度并拧紧 AAU 顶部的调角螺钉。

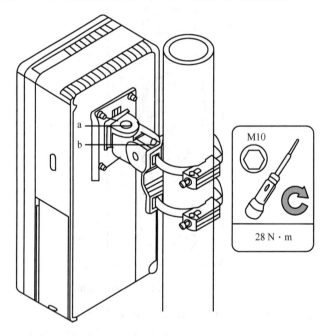

图 5-3-7　调整 AAU 角度(抱杆)

(2) 角度调整完毕后,紧固水平方向、垂直方向的定位螺钉,紧固力矩为 28 N·m。

(3) 记录水平和垂直方向的角度并存档。

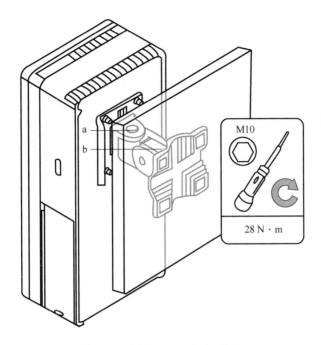

图 5-3-8　调整 AAU 角度（挂墙）

5.3.7　更换后处理

本节主要介绍更换 AAU、RU、RRU、AU、RCU、合路器等部件后需进行的相关处理，包括设置 RU/RRU 最大输出功率锁定、解闭塞 AAU/RU/RRU 及处理故障部件。

1. 前提条件

已完成故障部件的更换操作。

2. 操作步骤

（1）（可选）　如果在更换前清除了 RU/RRU 的最大输出功率锁定，需要设置 RU/RRU 的最大输出功率锁定。

① 在 UMTS/LTE 制式下：执行 MML 命令 LOC RRUTC，设置 RU/RRU 的最大输出功率；执行 MML 命令 RST BRD，复位 RU/RRU；执行 MML 命令 DSP TXBRANCH，查询所有 RU/RRU 的最大输出功率设置是否成功。

② 在 GSM 制式下，登录 SMT。在"基站终端维护系统"窗口左边的导航窗口中选择"Site"，在右边浏览窗口中双击"锁定 RXU 的业务能力"，弹出"锁定 RXU 的业务能力"窗口，选择"设置"页签，选择对应的 RU 进行设置，在远端 LMT 上复位 RU/RRU，使配置数据生效。

③ 在 GSM 制式下，登录 LMT。执行 MML 命令 LOC BTSRXUTC，单击"辅助"，设置 RU 的最大输出功率，然后单击"执行"；执行 MML 命令 RST BTSBRD，"复位类型"选择为"SOFTWARE（软件复位）"，复位 RU/RRU，使配置数据生效。

说明：如果有多个 RU/RRU，需要对每个 RU/RRU 的发射通道进行设置，对每个 RU/RRU 进行复位；如果设置 RU/RRU 的最大输出功率超过硬件本身支持的输出功率范围，则最大输出功率设置无效，最大输出功率为 RU/RRU 硬件本身支持的最大输出功率。

（2）通知 U2020 管理员，解闭塞对应的 AAU/RU/RRU 模块。

① 在 GSM 制式下，在 BSC 上执行 MML 命令 SET GTRXADMSTAT，将 ADMSTAT 参数值修改为 UNLOCK，解闭塞对应的 RU/RRU 的载频。

② 在 UMTS 制式下，在 NodeB 上执行 MML 命令 UBL BRD，解闭塞对应的 RU/RRU 模块。

③ 在 LTE 制式下，在 eNodeB 上执行 MML 命令 UBL BRD，解闭塞对应的 RU/RRU 模块。

④ 在 NR 制式下，在 gNodeB 上执行 MML 命令 UBL BRD，解闭塞对应的 AAU 模块。

（3）取下防静电腕带或防静电手套，收好工具。

（4）将更换下来的模块放入防静电包装袋，再放入垫有填充泡沫的纸板盒中（可使用新部件的包装）。

（5）填写故障卡，记录更换下的部件信息。

（6）与公司当地办事处联系，处理已经故障的部件。

{课堂随笔}

项目 5.4 5G 基站开通配置

{问题引入}

1. gNodeB 数据配置工具有哪两种?
2. 使用 MML 完成数据配置工作有哪些重要的步骤?
3. 简述初始数据配置中常用命令的含义。
4. 简述初始数据配置中常用参数的含义。

5.4.1 gNodeB 数据配置概述

1. gNodeB 数据配置工具

gNodeB 数据配置工具是指任何一个在已有 MML 命令脚本的条件下,通过增加、删除、修改 MML 命令的操作获得初始配置脚本的文字编辑器,可以使用两种工具:CME 和 LMT。在 LMT 中使用 MML 完成配置数据,MML 界面如图 5-4-1 所示。

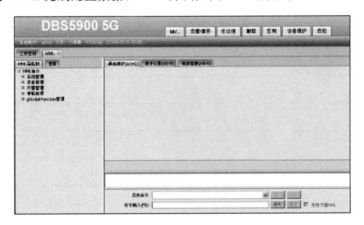

图 5-4-1 MML 界面

2. MML 初始化配置流程

使用 MML 配置 5G 基站的初始化数据流程如图 5-4-2 所示,它主要包括:删除原始默认数据、配置全局数据、配置设备数据、配置传输数据、配置无线数据五个重要步骤。

5.4.2 准备工作

1. 删除默认数据

gNodeB 在发货前已经配置了一些默认数据,比如无线射频数据、单板数据、RRU 链数据等,在初始化数据配置前需要先使用 MML 命令(ACT CFGFILE)清除这些默认数据,命令界面和参数如图 5-4-3 所示。

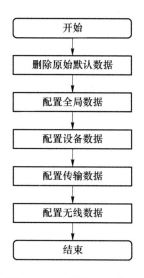

图 5-4-2　初始化配置流程

图 5-4-3　删除原始数据

2. 获取参数

原始数据删除完成后，我们需要获取相关参数，包括传输网络相关参数、核心网协商参数、配置规划参数、数据模板等。具体流程如图 5-4-4 所示。

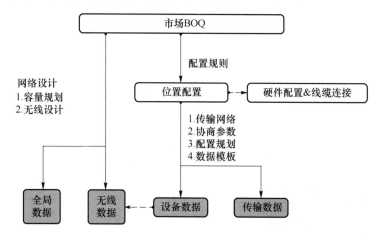

图 5-4-4　获取参数

5.4.3 gNodeB 数据配置

配置 gNodeB 全局数据需要增加 gNodeB 功能、设置网元属性、添加运营商信息、添加跟踪区域配置信息、设置网元工程状态,具体 MML 命令如表 5-4-1 所示。

表 5-4-1 配置 gNodeB 全局数据

功能应用	MML 命令
gNodeB 功能	CU/DU 模式:ADD APP 基站功能:ADD GNODEBFUNCTION
网元的配置属性	设置网元:SET NE
运营商	运营商信息:ADD GNBOPERATOR 跟踪区:ADD GNBTRACKINGAREA
网元工程状态	网元工程状态:SET MNTMODE

1. 配置 gNodeB 全局数据

（1）增加 gNodeB 功能

增加 gNodeB 功能所用的命令是 ADD GNODEBFUNCTION,具体参数和相关说明如图 5-4-5 所示。

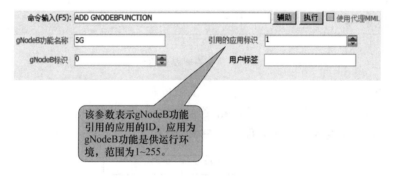

图 5-4-5 增加 gNodeB 功能

（2）设置网元属性

设置网元属性所用的命令是 SET NE,具体参数和相关说明如图 5-4-6 所示。

图 5-4-6 设置网元属性

（3）添加运营商信息

添加运营商信息所用命令是 ADD GNBOPERATOR，具体参数和相关说明如图 5-4-7 所示。

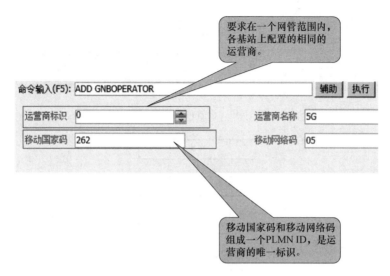

图 5-4-7　添加运营商信息

（4）添加跟踪区域配置信息

添加跟踪区域配置信息所用的命令是 ADD GNBTRACKINGARE，具体参数和相关说明如图 5-4-8 所示。

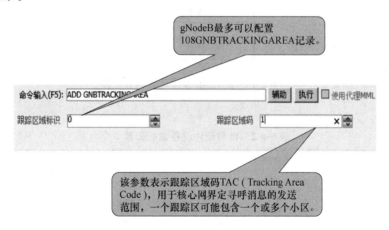

图 5-4-8　添加跟踪区域配置信息

（5）设置网元工程状态

设置网元工程状态所用的命令是 SET MNTMODE，其中工程状态参数可以设置成 NORMAL（普通）、INSTALL（新建）、EXPAND（扩容）、UPGRADE（升级）、TESTING（调测）等，如图 5-4-9 所示。当网元处于特殊状态〔如 TESTING（调测）〕时，告警上报方式将会改变，性能数据源将会被标识为不可信。

2. 配置 gNodeB 设备数据

gNodeB 的设备数据配置流程如图 5-4-10 所示，包括配置机柜和 BBU、配置射频单元、配置监控单元、配置电源模块、配置时间、配置时钟共六个步骤,其中配置监控单元、配置电源模块根据现场情况选配。常用的硬件设备数据配置 MML 命令如表 5-4-2 所示。

图 5-4-9　设置网元工程状态

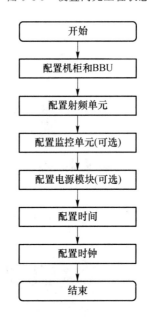

图 5-4-10　gNodeB 设备数据配置流程

表 5-4-2　常用硬件设备数据配置命令

功能块	子功能块	MML 命令
机柜和 BBU 数据	机柜和机框	增加机柜:ADD CABINET 增加机框:ADD SUBRACK 5G 仅支持 BBU5900 机框,"机框型号"需要配置为"BBU5900"
	BBU 框中的单板	增加单板:ADD BRD 主控板为 UMPTe,配置为 UMPT
RF 单元		增加 AAU 链环:ADD RRUCHAIN 增加 AAU:ADD RRU

（1）配置机柜和 BBU

① 增加机柜

增加机柜所用的命令是 ADD CABINET,具体参数和相关说明如图 5-4-11 所示。

166

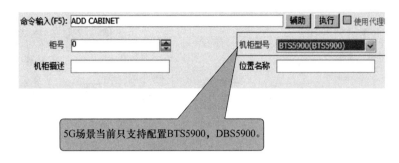

图 5-4-11　增加机柜

② 增加机框

增加机框所用的命令是 ADD SUBRACK,具体参数和相关说明如图 5-4-12 所示。

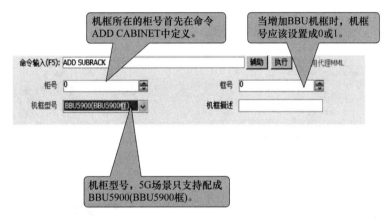

图 5-4-12　增加机框

③ 增加主控板

增加主控板所用的命令是 ADD BRD,增加主控板需将单板类型选为 UMPT,槽位号应配置为 6～7 槽,具体参数和相关说明如图 5-4-13 所示。

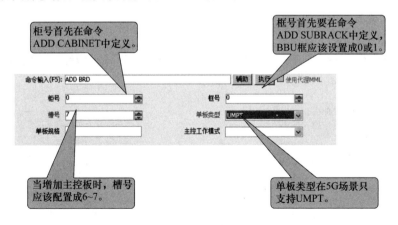

图 5-4-13　增加主控板

④ 增加 UBBP 单板

增加 UBBP 单板所用的命令是 ADD BRD,需将单板类型选为 UBBP-W,槽位号应配置为 2 槽,具体参数和相关说明如图 5-4-14 所示。

图 5-4-14　增加 UBBP 单板

⑤ 增加 FAN 和 UPEU 单板

增加 FAN 和 UPEU 单板所用的命令是 ADD BRD,增加 FAN 风扇板需将单板类型选为 FAN,槽位号应配置为 16 槽,增加 UPEU 电源板需将单板类型选为 UPEU,槽位号应配置为 18～19 槽,具体参数和相关说明如图 5-4-15 所示。

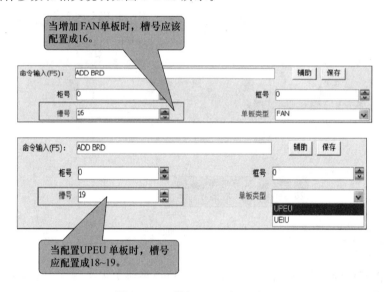

图 5-4-15　增加 FAN 和 UPEU

（2）配置射频单元

① 增加 AAU 链环

当增加 AAU 链环时,若为链则需保证链/环头柜号、框号、槽号对应的基带板已配。具体参数和相关说明如图 5-4-16 所示。

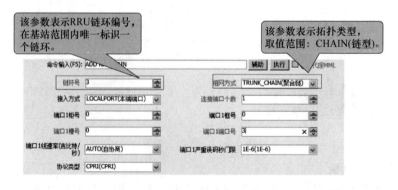

图 5-4-16　增加 AAU 链环

② 增加 AAU

增加 AAU 所用命令是 ADD AAU，具体参数和相关说明如图 5-4-17 所示。

图 5-4-17   增加 AAU

（3）配置时间和时钟

硬件配置完成后，需要为设备配置时间和时钟。常用的时间和时钟配置 MML 命令如表 5-4-3 所示。

表 5-4-3   时间和时钟配置命令

功能块	子功能块	MML 命令
时间数据	—	设置时区和夏令时：SET TZ 设置时间源：SET TIMESRC 增加 NTP 客户端：ADD NTPC 设置主 NTP 服务器：SET MASTERNTPS
同步数据	GPS 参考时钟	增加 GPS：ADD GPS 设置参考时钟源工作模式：SET CLKMODE 设置基站时钟同步模式：SET CLKSYNCMODE
	IEEE1588 V2 参考时钟	增加 IP 时钟链路：ADD IPCLKLINK 设置参考时钟源工作模式：SET CLKMODE 设置基站时钟同步模式：SET CLKSYNCMODE
	Ethernet 参考时钟	增加同步以太网时钟：ADD SYNCETH 设置参考时钟源工作模式：SET CLKMODE 设置基站时钟同步模式：SET CLKSYNCMODE

① 设置网元的本地时区和夏令时

设置网元的本地时区和夏令时所用的命令是 SET TZ，具体参数和相关说明如图 5-4-18 所示。

② 设置时间源

如果时钟源设置成 NTP，则可通过命令 ADD NTPC 最多添加 4 个 NTP 客户端，且默认是备用状态，需要使用 SET MASTERNTPS 设置主用 NTP 客户端。具体参数和相关说明如图 5-4-19 所示。

③ 时钟同步的基本定义

时钟同步分为频率同步和时间同步。

频率同步是指两路信号在一定的区间内有相同数目的脉冲,但是两路信号脉冲序列的起始时间和结束时间是不一样的,如图 5-4-20 所示。

时间同步是指两路信号除了频率同步外,相位也要同步(即起始时间相同),如图 5-4-21 所示。

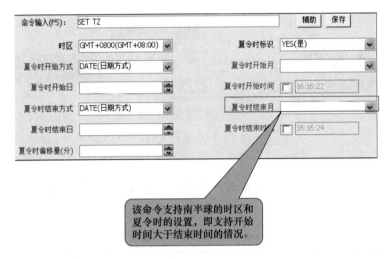

图 5-4-18　设置网元的本地时区和夏令时

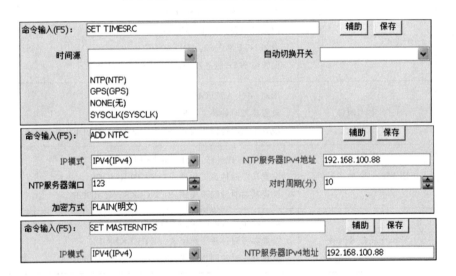

图 5-4-19　设置时间源

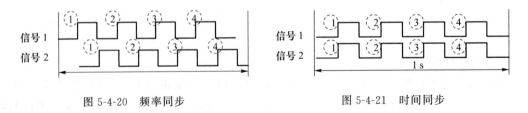

图 5-4-20　频率同步　　　　　　　　　　　图 5-4-21　时间同步

④ 增加 GPS

增加 GPS 所用的命令是 ADD GPS,具体参数和相关说明如图 5-4-22 所示。

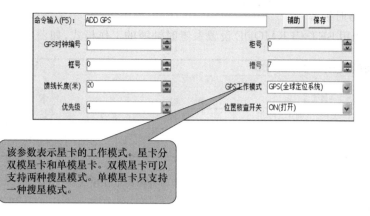

图 5-4-22　增加 GPS

⑤ 增加 IP 时钟链路

增加 IP 时钟链路的命令是 ADD IPCLKLINK。具体参数和相关说明如图 5-4-23 所示。

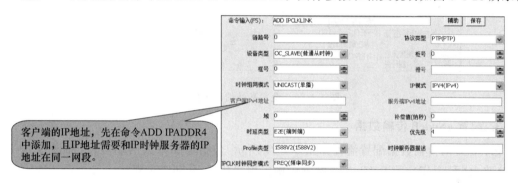

图 5-4-23　增加 IP 时钟链路

⑥ 增加同步以太网时钟链路

增加同步以太网时钟链路所用的命令是 ADD SYNCETH，具体参数和相关说明如图 5-4-24 所示。

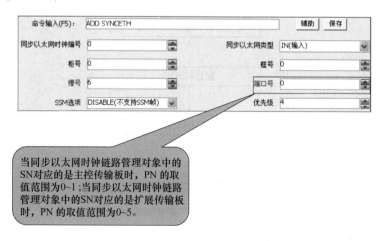

图 5-4-24　增加同步以太网时钟链路

⑦ 设置参考时钟源

我们可以使用 SET CLKMODE 设置参考时钟源的工作模式,如图 5-4-25 所示。

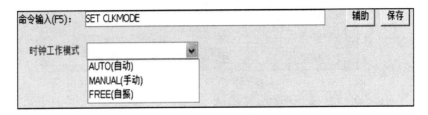

图 5 4-25　设置参考时钟源的工作模式

⑧ 设置基站的同步模式

我们还可以通过 SET CLKSYNCMODE 设置基站的同步模式,如图 5-4-26 所示。

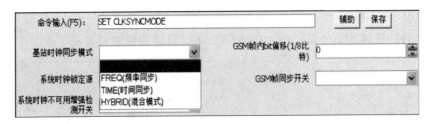

图 5-4-26　设置基站的同步模式

3. 配置 gNodeB 传输数据

gNodeB 的传输数据配置流程如图 5-4-27 所示,包括增加以太网端口、增加设备 IP 地址和 IP 路由(配置 IP)、配置 VLAN、配置传输应用层数据,共四个步骤。

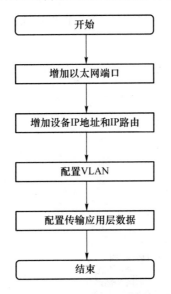

图 5-4-27　gNodeB 传输数据配置流程

(1) 增加以太网端口和配置 IP

gNodeB 的 IP 配置方式分为老模型 IP 配置方式和新模型 IP 配置两种方式。

① 老模型 IP 配置方式

老模型 IP 配置的 MML 命令如表 5-4-4 所示。

表 5-4-4　老模型 IP 配置命令

功能块	MML 命令
物理层	增加以太网端口：ADD ETHPORT
数据链路层	增加下一跳 VLAN 的映射：ADD VLANMAP 设置 DSCP 到 VLAN 优先级的映射配置信息：SET DSCPMAP
网络层	增加设备 IP 地址：ADD DEVIP 增加 IP 路由：ADD IPRT

在老模型 IP 配置方式中，增加以太网端口的命令是 ADD ETHPORT，具体参数和相关说明如图 5-4-28 所示。

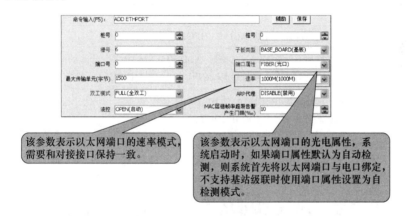

图 5-4-28　增加以太网端口

增加设备 IP 地址的命令是 ADD DEVIP，具体参数和相关说明如图 5-4-29 所示。

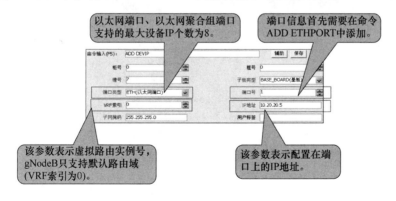

图 5-4-29　增加设备 IP 地址

增加静态 IP 路由的命令是 ADD IPRT，具体参数和相关说明如图 5-4-30 所示。

在一个基站内可以配置多条路由，在同一路由域内，两条到同一目的 IP 地址且子网掩码相同的路由的优先级不能相同。

② 新模型 IP 配置方式

新模型 IP 配置的 MML 命令如表 5-4-5 所示。

图 5-4-30　增加静态 IP 路由

表 5-4-5　新模型 IP 配置命令

功能块	MML 命令
物理层	增加以太网端口：ADD ETHPORT
数据链路层	增加下一跳 VLAN 的映射：ADD VLANMAP 设置 Interface 接口到 VLAN 优先级的映射配置信息：ADD INTERFACE
网络层	增加设备 IP 地址：ADD IPADDR4 增加 IP 路由：ADD IPROUTE4

在新模型 IP 配置方式中，增加以太网端口的命令仍然是 ADD ETHPORT，具体参数和相关说明如图 5-4-31 所示。

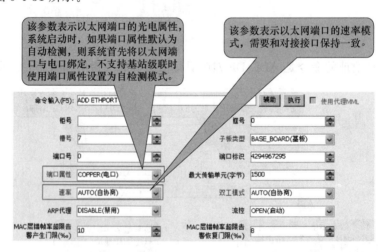

图 5-4-31　增加以太网端口

在新模型中，需要增加 Interface 接口，命令是 ADD INTERFACE，具体参数和相关说明如图 5-4-32 所示。

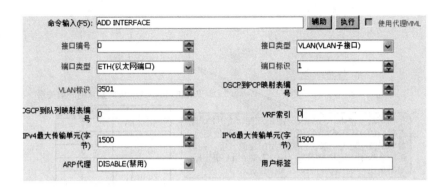

图 5-4-32   增加 Interface

增加设备 IP 地址的命令是 ADD IPADDR4,具体参数和相关说明如图 5-4-33 所示。

图 5-4-33   增加设备 IP 地址

增加静态 IP 路由的命令是 ADD IPROUTE4,具体参数和相关说明如图 5-4-34 所示。

图 5-4-34   增加静态 IP 路由

（2）配置 VLAN

① 增加下一跳 VLAN 的映射

在一个基站内可以配置多条路由,在同一路由域内,两条到同一目的 IP 地址且子网掩码相同的路由的优先级不能相同。增加下一跳 VLAN 的映射的命令是 ADD VLANMAP,具体参数、DSCP 值和 VLAN 优先级间默认的映射关系如图 5-4-35 所示。

② 设置 DSCP 到 VLAN 优先级的映射配置信息

设置 DSCP 到 VLAN 优先级的映射配置信息的命令是 SET DSCPMAP,具体参数和相关参数说明如图 5-4-36 所示。用户数据优先级与单 VLAN 优先级的映射表如图 5-4-37 所示。

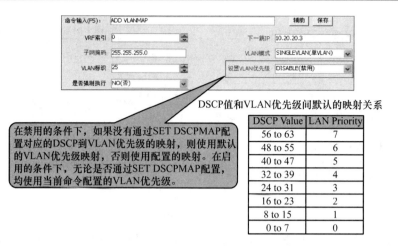

DSCP值和VLAN优先级间默认的映射关系

DSCP Value	LAN Priority
56 to 63	7
48 to 55	6
40 to 47	5
32 to 39	4
24 to 31	3
16 to 23	2
8 to 15	1
0 to 7	0

图 5-4-35 增加下一跳 VLAN 的映射

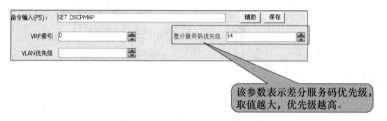

图 5-4-36 设置 DSCP 到 VLAN 优先级的映射配置信息

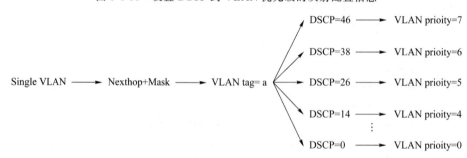

图 5-4-37 用户数据优先级与单 VLAN 优先级的映射表

（3）配置传输应用层数据

端点模式下，传输应用层配置的 MML 命令如表 5-4-6 所示。

表 5-4-6 传输应用层配置

功能块	MML 命令
传输层	增加端节点组（ADD EPGROUP） （可选）增加 SCTP 参数模块（ADD SCTPTEMPLATE） 增加 SCTP 本端对象（ADD SCTPHOST） 增加端节点组的 SCTP 本端（ADD SCTPHOST2EPGRP） 增加 SCTP 对端对象（ADD SCTPPEER） 增加端节点组的 SCTP 对端（ADD SCTPPEER2EPGRP） 增加用户面本端对象（ADD USERPLANEHOST） （可选）增加用户面对端对象（ADD USERPLANEPEER） 增加端节点组的用户面本端（ADD UPHOST2EPGRP） （可选）增加端节点组的用户面对端（ADD UPPEER2EPGRP）

端点模式下,传输应用层接口配置的 MML 命令如表 5-4-7 所示。

表 5-4-7 传输应用层接口配置

功能块	MML 命令
接口信息	S1 配置(ADD GNBCUS1)
	X2 配置(ADD GNBCUX2)
维护通道	操作维护链路(ADD OMCH)

① 端点模式-增加端节点组

增加端节点组的命令是 ADD EPGROUP,具体参数和相关说明如图 5-4-38 所示。

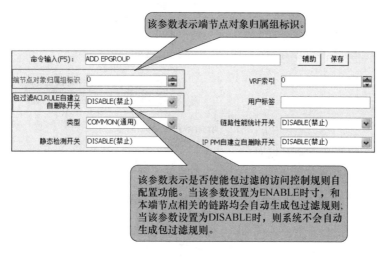

图 5-4-38 增加端节点组

② 端点模式-增加 SCTP 参数模板

增加 SCTP 参数模板的命令是 ADD SCTPTEMPLATE,具体参数和相关说明如图 5-4-39 所示。

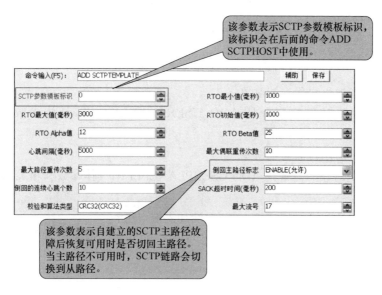

图 5-4-39 增加 SCTP 参数模板

③ 端点模式-增加 SCTP 本端对象

增加 SCTP 本端对象的命令是 ADD SCTPHOST，具体参数和相关说明如图 5-4-40 所示。

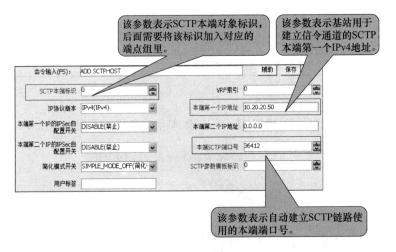

图 5-4-40　增加 SCTP 本端对象

④ 端点模式-增加 SCTP 对端对象

增加 SCTP 对端对象的命令是 ADD SCTPPEER，具体参数和相关说明如图 5-4-41 所示。

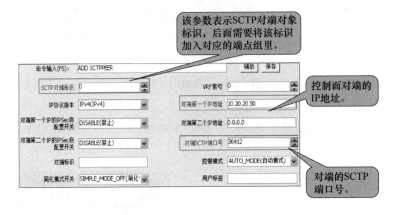

图 5-4-41　增加 SCTP 对端对象

⑤ 端点模式-增加用户面本端对象

增加用户面本端对象的命令是 ADD USERPLANEHOST，具体参数和相关说明如图 5-4-42 所示。

⑥ 端点模式-增加用户面对端对象

增加用户面对端对象的命令是 ADD USERPLANEPEER，具体参数和相关说明如图 5-4-43 所示。

⑦ 端点模式-将 SCTP 和用户面本端/对端加入端点组

将 SCTP 和用户面本端/对端加入端点组，具体参数和相关说明如图 5-4-44 所示。

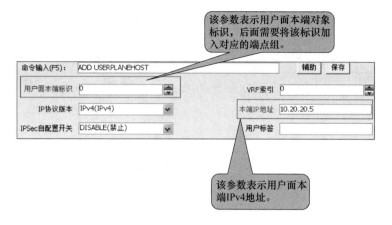

图 5-4-42 增加用户面本端对象

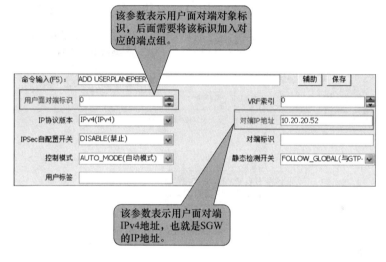

图 5-4-43 增加用户面对端对象

图 5-4-44 将 SCTP 和用户面本端/对端加入端点组

⑧ 端点模式-添加 GNBCUS1 配置

添加 GNBCUS1 配置的命令是 ADDGNBCUS1,具体参数和相关说明如图 5-4-45 所示。

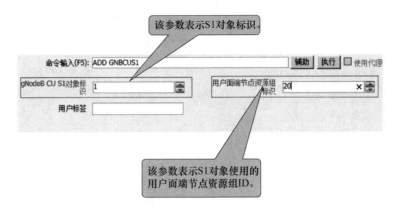

图 5-4-45 添加 GNBCUS1 配置

⑨ 端点模式-添加 GNBCUX2 配置

添加 GNBCUX2 配置的命令是 ADDGNBCUX2,具体参数和相关说明如图 5-4-46 所示。

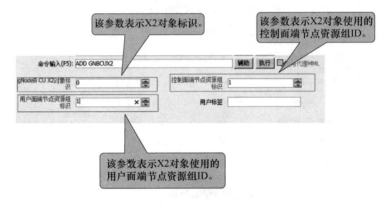

图 5-4-46 添加 GNBCUX2 配置

⑩ 增加远端维护通道

增加远端维护通道的命令是 ADD OMCH,具体参数和相关说明如图 5-4-47 所示。

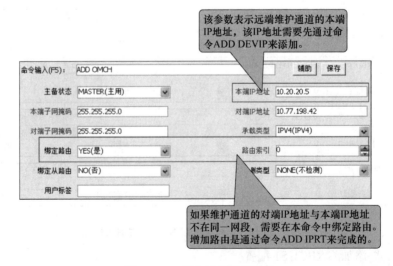

图 5-4-47 增加远端维护通道

4. gNodeB 无线数据

gNodeB 无线数据配置流程如图 5-4-48 所示,包括配置扇区、配置小区、配置邻区,共三个步骤。常用的无线数据配置 MML 命令如表 5-4-8 所示。

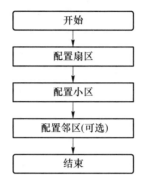

图 5-4-48　gNodeB 无线数据配置流程

表 5-4-8　常用的无线数据配置命令

功能块	MML 命令
扇区	增加扇区:ADD SECTOR 增加扇区设备 SECTOREQM:ADD SECTOREQM
小区	增加 DU 小区:ADD NRDUCELL 增加 DU 小区 TRP:ADD NRDUCELLTRP 增加 DU 小区覆盖区:ADD NRDUCellCoverage 增加小区:ADD NRCELL 激活小区:ACT NRCELL
邻区(可选)	创建 NRUTRAN 外部小区:ADD NREXTERNALNCELL 创建 NRUTRAN 同频邻区关系:ADD NRCELLRELATION

(1) 扇区、扇区设备和小区之间的关系

小区和扇区的关系如图 5-4-49 所示,扇区是由一组相同覆盖的射频天线组成的无线覆盖区域。小区是指能提供无线通信服务的某一区域。基于小区和扇区的映射关系,可以将小区分成单扇区小区和多扇区小区。单扇区小区就是传统的小区,一个小区只在一个扇区内。多扇区小区是指一个小区包含多个扇区,这样可以增加小区的覆盖范围。在 5G 无线网络中,扇区被重新定义,增加了扇区设备和小区扇区设备。扇区设备是一套可以收发信号的 RF 天线,这套天线必须属于一个扇区。小区和扇区设备是在命令 ADD NRDUCELLCOVERAGE 中完成绑定的。

(2) 增加扇区

① 增加扇区

增加扇区的命令是 ADD SECTOR,具体参数和相关说明如图 5-4-50 所示。

② 增加扇区设备

增加扇区设备的命令是 ADD SECTOREQM,具体参数和相关说明如图 5-4-51 所示。

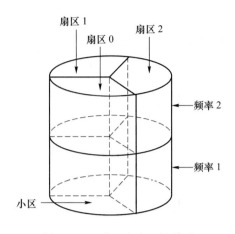

图 5-4-49　小区和扇区的关系

这里的天线数是扇区实践使用的天线数。

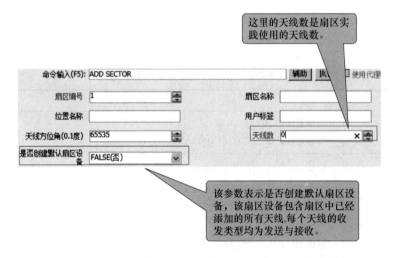

该参数表示是否创建默认扇区设备，该扇区设备包含扇区中已经添加的所有天线，每个天线的收发类型均为发送与接收。

图 5-4-50　增加扇区

表示扇区设备的波束覆盖区形状，以扇区的展开角度来表示

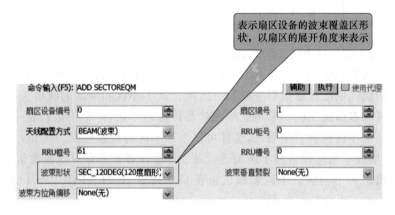

图 5-4-51　增加扇区设备

（3）配置小区

① 增加 DU 小区

增加 DU 小区的命令是 ADD NRDUCELL，在增加小区时需要添加频率的相关参数，具

体参数和相关说明如图 5-4-52 所示。

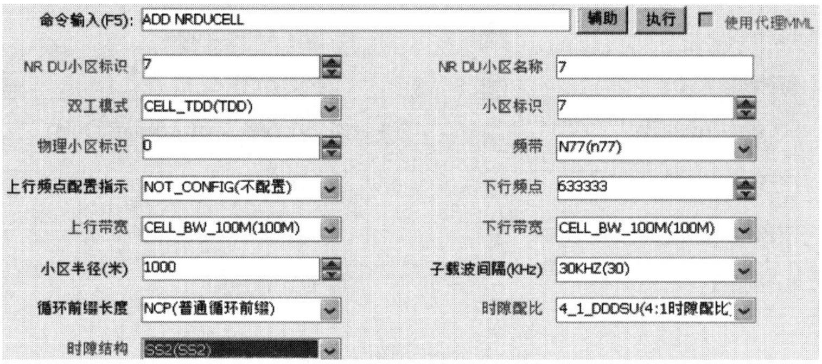

图 5-4-52　增加 DU 小区

② 增加 DU 小区 TRP

增加 DU 小区 TRP 的命令是 ADD NRDUCELLTRP,具体参数和相关说明如图 5-4-53 所示。

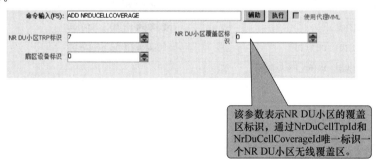

图 5-4-53　增加 DU 小区 TRP

③ 增加 DU 覆盖区

增加 DU 覆盖区的命令是 ADD NRDUCELLCOVERAGE,具体参数和相关说明如图 5-4-54 所示。

图 5-4-54　增加 DU 覆盖区

④ 增加小区

增加小区的命令是 ADD NRCELL,具体参数和相关说明如图 5-4-55 所示。

(4) 邻区配置

① 增加外部小区

增加外部小区的命令是 ADD NREXTERNALNCELL,具体参数和相关说明如图 5-4-56 所示。

图 5-4-55　增加小区

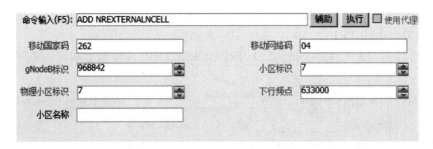

图 5-4-56　增加外部小区

② 增加同频邻区关系

增加同频邻区关系的命令是 ADD NRCELLRELATION，具体参数和相关说明如图 5-4-57 所示。

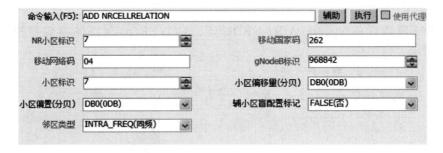

图 5-4-57　增加同频邻区关系

{课堂随笔}

项目 5.5　5G 基站日常维护

{问题引入}

1. 简述告警和事件的区别。
2. 根据告警的重要性,告警可以分为哪四个等级?
3. 通过两种方式查询活动告警,记录告警名称和告警等级。
4. 通过两种方式查询单板状态,记录槽位号和管理状态。
5. 通过两种方式查询备份配置数据,记录操作步骤。
6. 通过两种方式查询 VSWR,记录 VSWR 值。

1. 告警管理

(1) 告警和事件

系统检测到故障和事件都会发出通知。告警和事件的区别见表 5-5-1。

表 5-5-1　告警与事件的区别

类别	定义	相关概念	影响	处理	建议
告警	系统检测到故障的通知	告警表示导致系统故障的物理或逻辑因素,如硬盘故障、单板故障等	可能导致系统无法正常工作	告警可以确认和清除	清除告警,使系统恢复正常
事件	系统检测到事件的通知	事件表示管理对象的一种情况,如定时导出操作日志成功	对系统无负面影响	事件不能确认和清除,也不能反确认	不需要处理

(2) 告警级别

根据告警的重要性,告警可以分为四个等级,它们分别是紧急告警、重要告警、次要告警、提示告警。具体定义和处理建议见表 5-5-2。

表 5-5-2　告警级别

告警级别	定义	处理建议
紧急	此类级别的告警影响到系统提供的服务,必须立即进行处理。即使该告警在非工作时间内发生,也需立即采取措施。例如,某设备或资源不可用,需对其进行修复	需要紧急处理,否则系统有瘫痪风险
重要	此类级别的告警影响到服务质量,需要在工作时间内处理,否则会影响重要功能的实现。例如,某设备或资源服务质量下降,需对其进行修复	需要及时处理,否则会影响重要功能的实现
次要	此类级别的告警未影响服务质量,但为了避免更严重的故障,需要在适当时候进行处理或进一步观察。例如,需要清除过期的历史告警	寻找并及时修复潜在问题
提示	此类级别的告警指示可能有潜在的错误影响到提供的服务,相应的措施根据不同的错误进行处理。例如,OMU 启动告警	可根据告警了解网络和网元的运行状态,视具体情况进行处理

（3）手动同步网元告警

由于网络中断等问题，U2020 上的告警数据可能和网元不一致。

可以将网元的告警数据同步到 U2020 上，以获取最新的网元告警状态，保持数据一致性。具体操作步骤见图 5-5-1。

图 5-5-1　手动同步网元告警

（4）在拓扑视图中监控告警

在拓扑视图中监控告警的步骤见图 5-5-2。右击某个基站，单击"查告警/事件"，选择"当前告警"，告警详情见图 5-5-3。

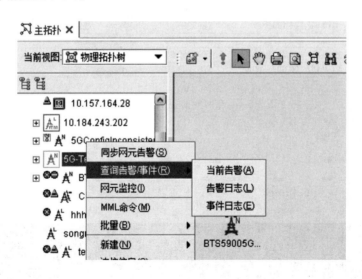

图 5-5-2　在拓扑视图中监控告警

（5）在网元监控清单中监控告警

通过监控网元状态，可以查看 U2020 所管理的网元名称、网元类型、告警级别以及状态，具体界面见图 5-5-4。

（6）通过告警面板监控告警

通过"监控→告警监控→当前告警"进入当前告警界面。单击" "打开告警统计面板，当前告警界面如图 5-5-5 所示。

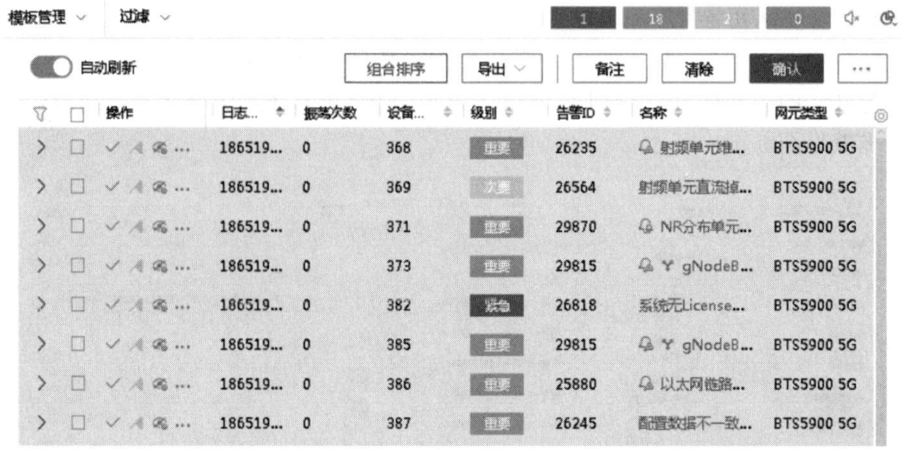

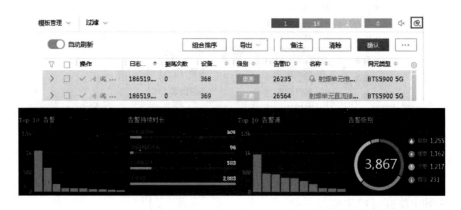

图 5-5-3　告警详情

网元监控

网元名称	网元类型	告警级别	网元连接状态
10.145.65.252	BSC6910 GU	紧急	正常
10.150.168.80	BTS3900 LTE	重要	正常
10.150.88.208	SVA-AE	紧急	正常
10.157.110.203@shenhui	BTS5900 5G	重要	正常
10.157.159.192	BTS3900	重要	离线隔离
10.157.166.136@ldf	BTS3900	正常	离线隔离
10.157.166.147@lhs	BTS5900 5G	重要	正常
10.157.166.77@lvtao	BTS5900 5G	紧急	正常
10.157.166.89@ligang	BTS5900 5G	重要	正常

图 5-5-4　在网元监控清单中监控告警

图 5-5-5　当前告警界面

（7）浏览当前告警

设置当前告警的过滤条件，以浏览需要关注和处理的告警，操作步骤如图 5-5-6 所示。

（8）查询活动告警

执行 MML 命令 LST ALMAF，查询活动告警。查询命令的详细参数和查询结果见图 5-5-7。

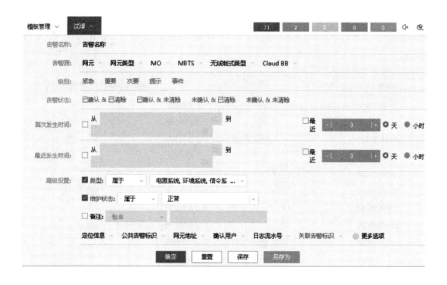

图 5-5-6　设置过滤条件

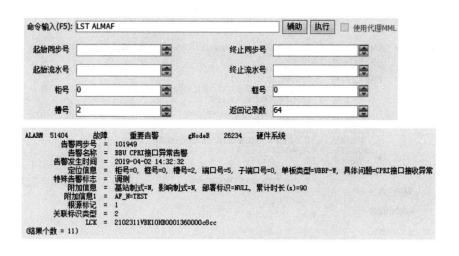

图 5-5-7　MML 方式查询活动告警

（9）查询告警日志

设置查询告警日志的条件，然后在日志库里查询各个告警的日志，具体界面见图 5-5-8。

级别	告警ID	名称	网元类型	告警源	MO对象
重要	26247	配置异常告警	BTS5900	LNR	LNR
重要	26231	BBU CPRI光模块/电接口...	BTS5900	LNR	LNR
重要	26235	射频单元维护链路异常...	BTS5900	LNR	柜号=0, 框号=150, 槽号=0,...
重要	26204	单板不在位告警	BTS5900	LNR	单板类型=PEU, 柜号=0, 框...
重要	26221	传输光模块不在位告警	BTS5900	LNR	LNR

图 5-5-8　查询告警日志

（10）查询告警日志（MML 命令模式）

执行 MML 命令 LST ALMLOG，查询告警日志，具体的命令及相关参数见图 5-5-9，查询结果见图 5-5-10。

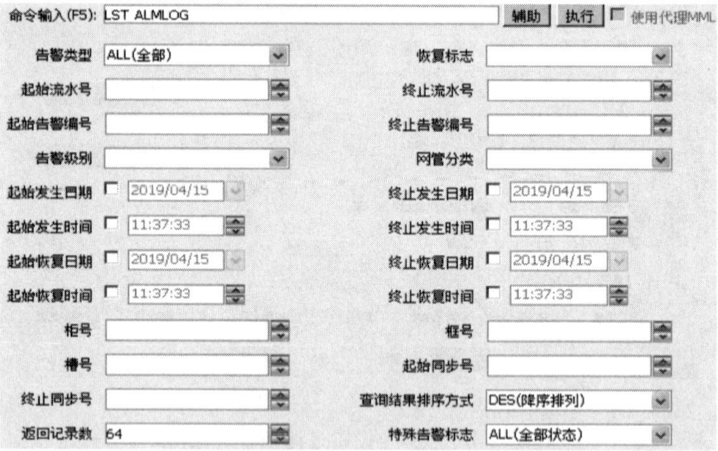

图 5-5-9　MML 命令查询告警日志

图 5-5-10　告警日志查询结果

（11）设置告警模板

可以将常用的告警、事件查询条件保存为一个模板，具体操作见图 5-5-11。

图 5-5-11　设置告警模板

（12）确认、反确认告警

告警确认表示用户已经看到此告警并纳入处理计划中，具体操作见图 5-5-12。

图 5-5-12　确认告警

（13）手动清除告警

如果某告警无法被自动清除，或者确认此告警在网元或网管上不存在，可手动清除此告警，具体操作步骤见图 5-5-13。

图 5-5-13　手动清除告警

2. 设备管理

（1）硬件维护

① 查看单板可用性

查看单板可用性，可打开"设备面板"窗口进行查看，具体步骤见图 5-5-14，设备面板界面见图 5-5-15。

② 查询单板标签

在"设备面板"窗口中右击单板，选择"查询单板存量信息"，具体操作见图 5-5-16。

（2）LMT 硬件维护

DBS5900 5G 的 LMT 主界面如图 5-5-17 所示。

图 5-5-14　打开设备面板

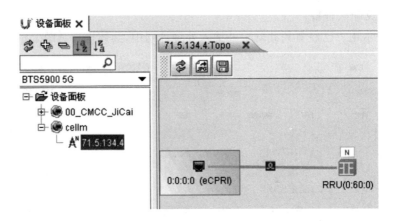

图 5-5-15　设备面板界面

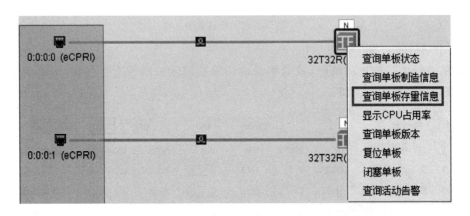

图 5-5-16　查询单板存量信息

1. 状态栏　　　2. 功能　　　3. 菜单栏　　　4. 其他（帮助，布局）

图 5-5-17　LMT 主界面

① 闭塞单板

可使用 BLK BRD 命令闭塞单板，具体参数见图 5-5-18。

还可以通过图形用户界面闭塞单板，具体操作见图 5-5-19。

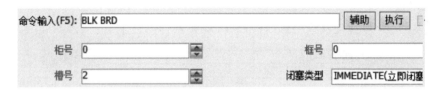

图 5-5-18　使用 MML 命令闭塞单

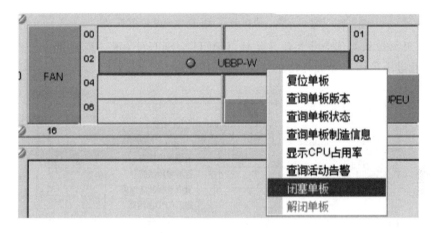

图 5-5-19　图形用户界面闭塞单板

② 解闭塞单板

可使用 UBL BRD 命令闭塞单板,具体参数见图 5-5-20。

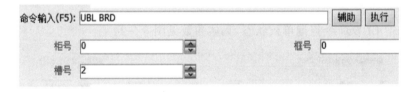

图 5-5-20　使用 MML 命令解闭塞单板

也可以通过图形用户界面解闭塞单板,具体操作见图 5-5-21。

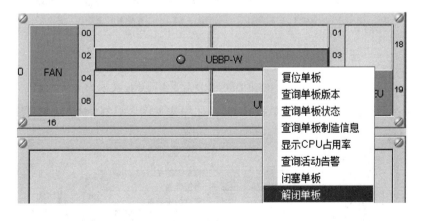

图 5-5-21　图形用户界面解闭塞单板

③ 复位单板

可使用 RST BRD 命令复位单板,具体参数见图 5-5-22。

图 5-5-22　使用 RST BRD 命令复位单板

注意:主用主控板复位会导致基站复位,UPEU/USCU/FAN 不能复位。

也可以通过图形用户界面复位单板,具体操作见图 5-5-23。

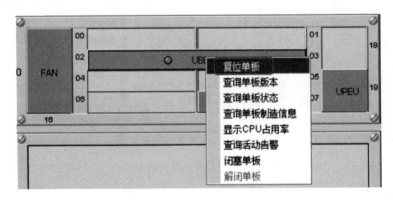

图 5-5-23　图形用户界面复位单板

④ 查询单板状态

可使用 DSP BRD 命令查询单板状态,具体参数见图 5-5-24。

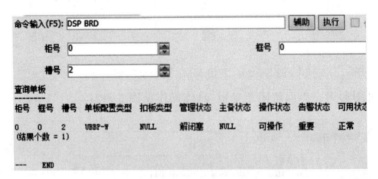

图 5-5-24　使用 DSP BRD 命令查询单板状态

也可以通过图形用户界面查询单板状态,具体操作见图 5-5-25,查询结果见图 5-5-26。

图 5-5-25　图形用户界面查询单板状态

查询单板状态	
报文类型：	查询单板
属性名	属性值
柜号	0
框号	0
槽号	2
单板配置类型	UBBP-W
扣板类型	NULL
管理状态	解闭塞
主备状态	NULL
操作状态	可操作
告警状态	重要
可用状态	正常
工作模式	NULL

图 5-5-26　单板查询结果

⑤ 查询单板信息

可以通过图形用户界面查询单板信息，具体操作见图 5-5-27。

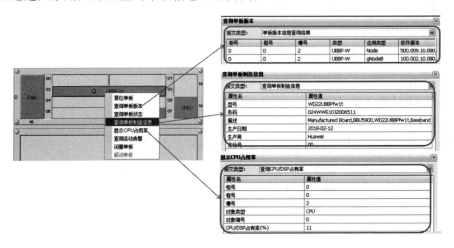

图 5-5-27　图形用户界面查询单板信息

也可以使用 DSP BRDVER 命令查询单板版本信息，具体参数见图 5-5-28。使用 DSP CPUUSAGE 命令查询单板 CPU/DSP 占有率，具体参数见图 5-5-29。使用 DSP BRDMFRINFO 命令查询单板制造信息，具体参数见图 5-5-30。

命令输入(F5): DSP BRDVER

单板版本信息查询结果

柜号	框号	槽号	类型	应用类型	软件版本	硬件版本	BootROM版本	操作结果
0	0	0	UBBP-W	Node	500.009.00.100	1536	00.008.01.001	执行成功
0	0	0	UBBP-W	eNodeB	100.015.00.100	1536	00.008.01.001	执行成功
0	0	0	UBBP-W	gNodeB	100.002.00.100	1536	00.008.01.001	执行成功

（结果个数 = 3）

——　END

图 5-5-28　查询单板版本信息

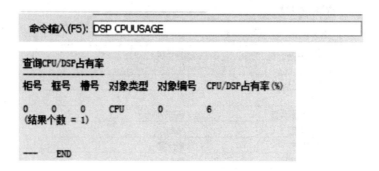

图 5-5-29　查询单板 CPU/DSP 占有率

图 5-5-30　查询单板制造信息

⑥ 查询 RRU 链环配置信息

可以通过图形用户界面查询 RRU 链环配置信息，具体操作见图 5-5-31；还可以使用 LST RRUCHAIN 命令查询 RRU 链环配置信息，具体参数见图 5-5-32。

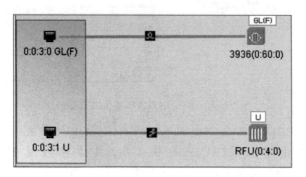

图 5-5-31　图形用户界面查询 RRU 链环配置信息

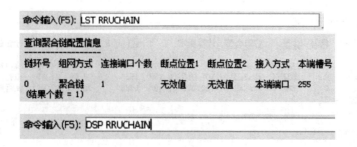

图 5-5-32　使用 LST RRUCHAIN 命令查询 RRU 链环配置信息

⑦ 查询 CPRI 接口

可以查询某个 RF 模块或者 BBU 的 CPRI 端口动态信息，具体结果见图 5-5-33；还可以使用 LST CTRLLNK 命令列出控制链路配置信息，具体结果见图 5-5-34；还能使用 DSP CTRLLNKSTAT 查询控制链路状态，具体结果见图 5-5-35。

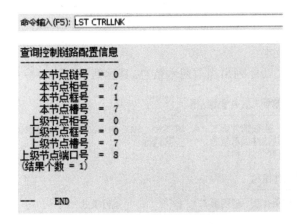

查询CPRI端口动态信息

柜号	框号	槽号	端口类型	端口号	子端口号	在位状态	模块类型	管理状态	CPRI速率(比特/秒)	CPRI端口模式	CPRI端口汇聚
0	0	0	CPRI	0	NULL	不在位	NULL	解闭塞	NULL	NULL	非汇聚
0	0	0	CPRI	1	NULL	不在位	NULL	解闭塞	NULL	NULL	非汇聚
0	0	0	CPRI	2	NULL	不在位	NULL	解闭塞	NULL	NULL	非汇聚
0	0	0	CPRI	3	NULL	在位	QSFP光口	解闭塞	4*24.3G	主	非汇聚
0	0	0	CPRI	4	NULL	不在位	NULL	解闭塞	NULL	NULL	非汇聚
0	0	0	CPRI	5	NULL	不在位	NULL	解闭塞	NULL	NULL	非汇聚
0	60	0	CPRI	0	NULL	不在位	NULL	解闭塞	NULL	NULL	NULL
0	60	0	CPRI	1	NULL	在位	QSFP光口	解闭塞	4*24.3G	从	NULL

(结果个数 = 8)

—— END

图 5-5-33　CPRI 端口动态信息

命令输入(F5): LST CTRLLNK

查询控制链路配置信息

本节点链号 = 0
本节点柜号 = 7
本节点框号 = 1
本节点槽号 = 7
上级节点柜号 = 0
上级节点框号 = 0
上级节点槽号 = 7
上级节点端口号 = 8
(结果个数 = 1)

—— END

图 5-5-34　列出控制链路配置信息

命令输入(F5): DSP CTRLLNKSTAT

查询BBU间的控制与时钟信号链路质量的统计信息

本节点柜号 = 0
本节点框号 = 0
本节点槽号 = 7
本节点端口号 = 8
测量起始时间 = 2019-04-17 10:15:29
累计错包数(包) = 0
累计收包数(包) = 2808290
累计LOS时长(秒) = 0
累计测量时长(秒) = 21599
1小时LOS率(‰) = 0
1小时LOS时长(秒) = 0
1小时错包率(‰) = 0
1小时错包数(包) = 0
1天LOS率(‰) = NULL
1天LOS时长(秒) = NULL
1天错包率(‰) = NULL
1天错包数(包) = NULL
1周LOS率(‰) = NULL
1周LOS时长(秒) = NULL
1周错包率(‰) = NULL
1周错包数(包) = NULL
(结果个数 = 1)

图 5-5-35　查询控制链路状态

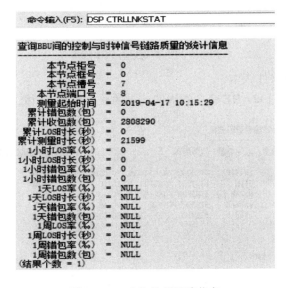

3. 软件和文件管理

gNodeB 的软件和文件的类型如表 5-5-3 所示。

表 5-5-3 软件文件类型

项目	类型
软件类型	BootROM
	BTS 软件
	冷补丁
	热补丁
文件类型	数据配置文件
	运维日志
	主控日志
	单板日志
	RTWP 测试日志
	设备归档文件

（1）查询运行软件版本

可以使用 LST VER 命令列出当前版本信息,具体结果见图 5-5-36。

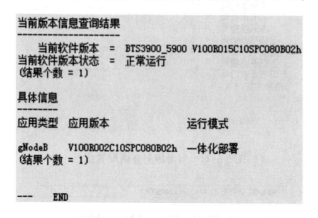

图 5-5-36 查询运行软件版本

（2）查询网元上的软件版本

可以使用 LST SOFTWARE 命令查询网元上的软件版本,具体结果见图 5-5-37。

图 5-5-37 网元上的软件版本信息

（3）配置 SFTP 服务器

配置 SFTP 服务器的步骤如图 5-5-38 所示。

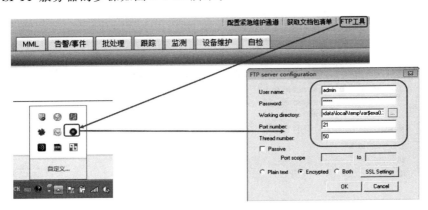

图 5-5-38　配置 SFTP 服务器

（4）下载 BTS 软件

从 FTP 服务器下载 BTS 软件到 BTS 的步骤如图 5-5-39 所示。

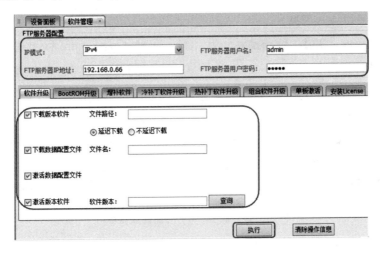

图 5-5-39　下载 BTS 软件

（5）增量下发配置文件

从 FTP 服务器下载增量配置文件到基站的步骤如图 5-5-40 所示。

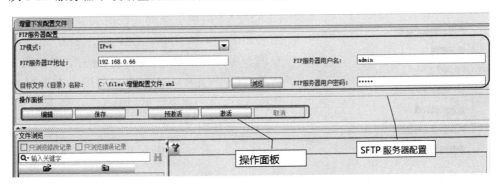

图 5-5-40　增量下发配置文件

（6）传输数据配置文件

下载或上传数据配置文件的步骤如图 5-5-41 所示。

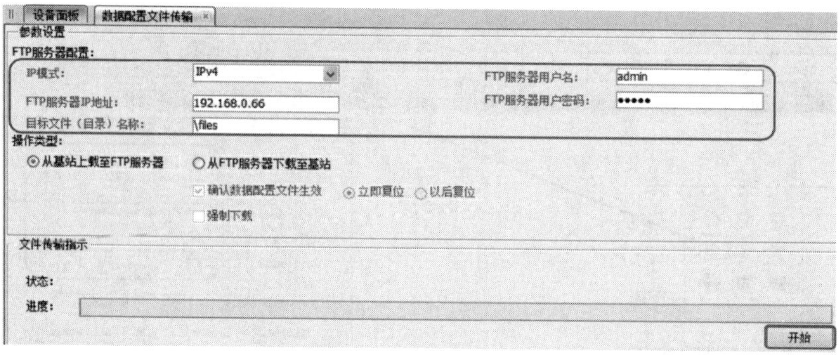

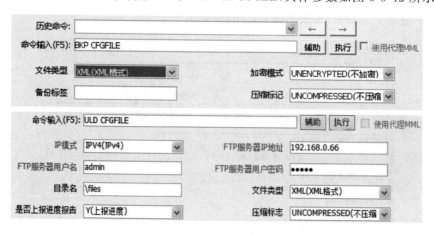

图 5-5-41　传输数据配置文件

（7）备份配置数据（基于 LMT）

备份配置数据的 MML 命令是 BKP/ULD CFGFILE，具体参数如图 5-5-42 所示。

图 5-5-42　基于 LMT 的配置数据备份

（8）备份配置数据（基于 U2020）

手动备份网元数据可单击维护菜单下的网元备份，具体步骤见图 5-5-43。

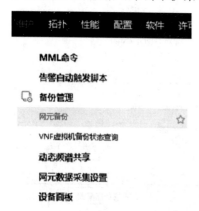

图 5-5-43　基于 U2020 的配置数据备份

4. 时钟管理

可通过 MML 命令完成时钟管理工作。DSP CLKSTAT 可用于查询系统时钟状态，命令和相关结果如图 5-5-44 所示。DSP CLKSRC 命令可用于查询参考时钟源状态，命令和相关结果如图 5-5-45 所示。LST CLKMODE 命令可用于查询时钟源工作模式，命令和相关结果如图 5-5-46 所示。

5. 天线测试

U2020 上查询某个基站的 VSWR 的步骤如图 5-5-47 所示。

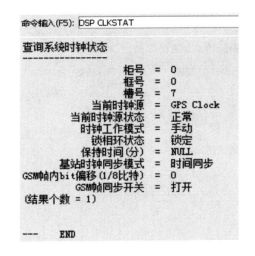

图 5-5-44　查询系统时钟状态

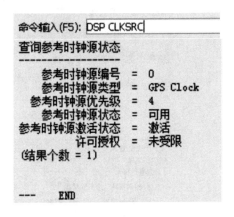

图 5-5-45　查询参考时钟源状态

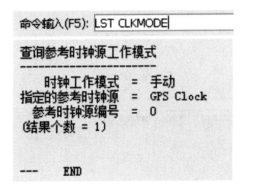

图 5-5-46　查询时钟源工作模式

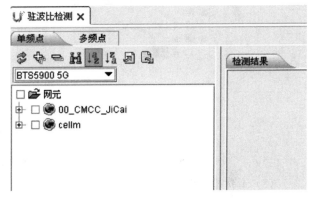

图 5-5-47　VSWR 查询

可以通过 STR VSWRTEST 命令进行 VSWR 测试,具体命令和相关参数如图 5-5-48 所示,测试结果如图 5-5-49 所示。

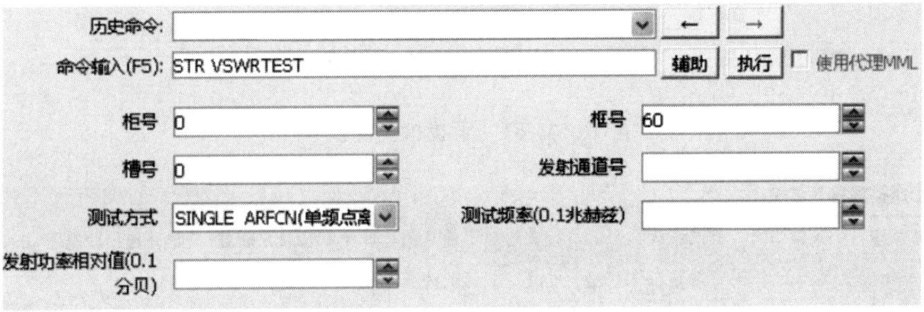

图 5-5-48　VSWR 测试

(1) RF 干扰检测

可以通过 RF 干扰检测来定位 RF 设备问题,具体操作步骤见图 5-5-50。

驻波比查询结果
————————————

基站名称	扇区编号	柜号	框号	槽号	发射通道号	驻波比(0.01)	测试结果
0	0	0	60	0	0	800	测试成功
0	0	0	60	0	1	800	测试成功

(结果个数 = 2)

———— END

图 5-5-49　VSWR 测试结果

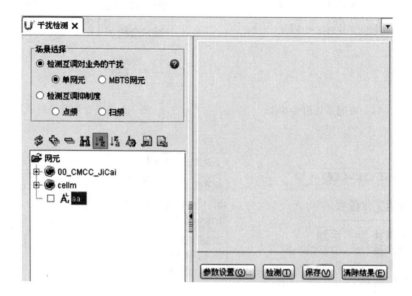

图 5-5-50　RF 干扰检测

（2）干扰检测测试

可以使用 STR RFTEST（高危命令）启动干扰检测测试，命令和具体参数如图 5-5-51 所示，显示结果如图 5-5-52 所示。

图 5-5-51　干扰检测测试

扫频方式互调指标检测结果

柜号	框号	槽号	天馈口号	测试结果	互调阶数	最坏值互调频率(0.1兆赫兹)	最坏值接收电平(0.1毫瓦分贝)
0	80	0	0	互调指标不合格	NULL	NULL	NULL

(结果个数 = 1)

———— END

图 5-5-52　干扰检测测试结果

6．无线层维护

（1）扇区操作

可通过 LST/MOD/RMV SECTOR 命令配置扇区。查询扇区配置信息的具体结果如图 5-5-53 所示。

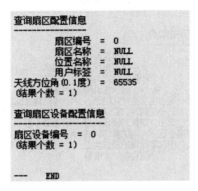

图 5-5-53　查询扇区配置信息

（2）查询扇区设备

可通过 LST/MOD/RMV SECTOREQM 命令查询扇区设备。查询扇区设备配置信息的具体结果如图 5-5-54 所示。

图 5-5-54　查询扇区设备配置信息

（3）NR 本地小区配置

可通过 ADD/LST/MOD/RMV NRDUCELLTRP 配置 NR 本地小区 TRP。查询 NR 本地小区 TRP 的具体结果如图 5-5-55 所示。

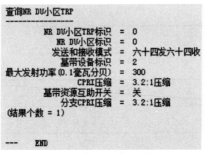

图 5-5-55　查询 NR 本地小区 TRP

（4）NR 小区管理

可通过 LST/DSP/ADD/MOD/RMV/BLK/UBL/ACT/DEA NRCELL 配置 NR 小区。查询 NR 小区动态参数的具体结果如图 5-5-56 所示。

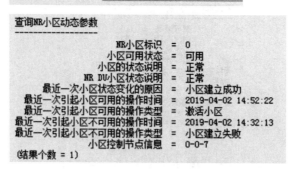

图 5-5-56　查询 NR 小区动态参数

（5）NR 本地小区管理

可通过 LST/DSP/ADD/MOD/RMV NRDUCELL 管理 NR 本地小区。查询 NRDU 小区动态参数的具体结果如图 5-5-57 所示。

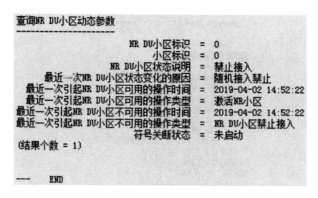

图 5-5-57　查询 NRDU 小区动态参数

{课堂随笔}

【重点串联】

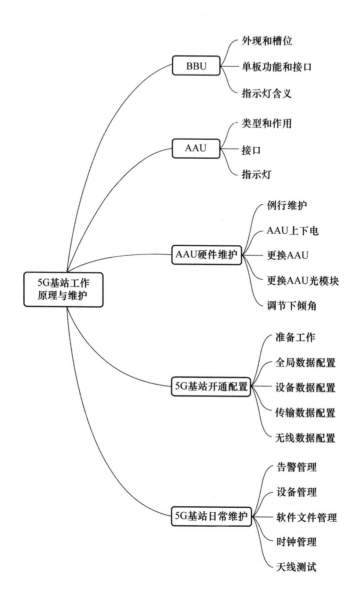

【基础训练】

1. 单选题

(1) 查询活动告警的命令是(　　)。

A. LST ALMAF
B. LST ALMLOG
C. LST ALM
D. DSP ALM

(2) 闭塞单板的命令是(　　)。

A. BLK BRD　　　B. RST BRD　　　C. BLK BRODE　　　D. DSP BRD

(3) 查询运行软件版本的命令是(　　)。

A. LST VER
B. LST SOFTWARE

C. DSP VER   D. DSP SOFTWARE

（4）查询系统时钟状态的命令是（   ）。

A. DSP CLKSTAT   B. DSP CLKSRC

C. DSP CLKMODE   D. LST CLKSTAT

（5）添加运营商信息所用的命令是（   ）。

A. ADD GNBOPERATOR   B. SET GNBOPERATOR

C. ADD GNBTRACHINGARE   D. ADD OPERATOR

2. 多选题

（1）基带单元（BBU）的功能有（   ）。

A. 负责集中控制与管理整个基站系统

B. 完成上下行基带处理功能

C. 提供与射频单元、传输网络的物理接口

D. 完成信息交互

（2）5G BBU 主控板可以放置的槽位有（   ）。

A. Slot7   B. Slot6   C. Slot5   D. Slot1

（3）在 5G 网络中，接入网由下面哪些组件构成？（   ）

A. CU   B. DU   C. BBU   D. AAU

（4）gNodeB 的数据配置工具有（   ）。

A. MML   B. CME   C. U2000   D. LMT

（5）gNodeB 全局数据配置包括（   ）。

A. 增加 gNodeB 功能   B. 设置网元配置属性

C. 添加运营商信息   D. 添加跟踪区域配置信息

3. 填空题

（1）5G 基站硬件主要由_____、_____、_____组成。

（2）BBU 通常由_____子系统、_____子系统、_____子系统、_____子系统、_____子系统、_____子系统和_____子系统组成。

（3）BBU 的单板类型有_____、_____、_____、_____、_____、_____。

（4）AAU 是天线和射频单元集成一体化的模块，其主要的功能模块有_____、_____、_____、_____。

（5）典型 AAU 的物理接口有：_____、_____、_____、_____。

（6）典型 AAU 的 RUN 指示灯的状态有：_____、_____、_____、_____。

（7）AAU 下电时，根据现场情况，可采取_____或_____。

（8）5G 基站的初始化数据配置包括_____、_____、_____、_____、_____共五个步骤。

（9）查询活动告警的 MML 命令是_____。

（10）根据告警的重要性告警可以分为四个等级，它们分别是：_____、_____、_____、_____。

4. 判断题

（1）射频单元（RRU/AAU）负责集中控制与管理整个基站系统，完成上下行基带处理功

能,并提供与射频单元、传输网络的物理接口,完成信息交互。(　　)

(2)基带单元(BBU)通过基带射频接口与 AAU 通信,完成基带信号与射频信号的转换,主要包括接口单元、下行信号处理单元、上行信号处理单元、功放单元、低噪放单元、双工器单元等,构成下行信号处理链路与上行信号处理链路。(　　)

(3)FAN 的状态指示灯绿灯闪烁(0.125s 亮,0.125s 灭)表示模块尚未注册,无告警。(　　)

(4)UBBPg 单板的 TX RX 红灯常亮表示 CPRI 链路正常。(　　)

(5)BBU 的部分物理层处理功能与原 RRU 及无源天线合并为 AAU。(　　)

(6)AAU 上电时,需要检查 AAU 的供电电压和指示灯的状态。(　　)

(7)gNodeB 数据配置工具是指任何一个在已有 MML 命令脚本的条件下,通过增加、删除、修改 MML 命令的操作获得初始配置脚本的文字编辑器,可以使用两种工具:CME 和 LMT。(　　)

(8)增加 gNodeB 的功能所用命令是 ADD NODEBFUNCTION。(　　)

(9)事件表示导致系统故障的物理或逻辑因素,如硬盘故障、单板故障等。(　　)

(10)重要告警将影响系统提供的服务,必须立即进行处理。即使该告警在非工作时间内发生,也需立即采取措施。如某设备或资源不可用,需对其进行修复。(　　)

5. 简答题

(1)简述 BBU 和 AAU 的作用。

(2)列举 BBU5900 的适配的单板类型和相应的单板名称。

(3)简述 AAU5619 的指示灯状态及其对应含义。

(4)为了提高 AAU 的运行稳定性,应对 AAU 进行预防性维护,列举 AAU 预防性维护的项目。

(5)AAU 下电有两种情况:常规下电和紧急下电。简述这两种下电的操作步骤。

(6)当 AAU 硬件故障时需要更换 AAU。简要描述更换 AAU 的操作步骤。

(7)在对 5G 进行数据配置之前,需要准备哪些资料?

(8)查询控制链路状态的 MML 命令有哪些?简要描述它们的区别。

(9)如何通过图形化界面来清除某个告警?简述操作步骤。

(10)系统检测到故障和事件都会发出通知。简述告警和事件的区别。